肇庆学院学术著作出版资助金资助

中国狐文化的
心理分析

周彩虹 著

武汉大学出版社

图书在版编目(CIP)数据

中国狐文化的心理分析 / 周彩虹著. — 武汉 ：武汉大学出版社，
2019.12（2022.8重印）

ISBN 978-7-307-21354-8

Ⅰ.中…　Ⅱ.周…　Ⅲ.狐－文化研究－中国　Ⅳ.Q959.838

中国版本图书馆CIP数据核字(2019)第295113号

责任编辑：黄朝昉　牟　丹　　责任校对：孟令玲　　版式设计：天　韵

出版发行：**武汉大学出版社**　　（430072　武昌　珞珈山）

（电子邮箱：cbs22@whu.edu.cn 网址：www.wdp.com.cn）

印刷：廊坊市海涛印刷有限公司

开本：710×1000　1/16　　印张：17　　字数：220千字

版次：2019年12月第1版　　2022年8月第2次印刷

ISBN 978-7-307-21354-8　　定价：48.00元

周彩虹个人简介

　　周彩虹，女，山东大学中文系本科，暨南大学古代文学硕士，澳门城市大学应用心理学博士，华南师范大学心理学博士后。曾任职或兼职于华南理工大学、澳门科技大学、澳门城市大学等高校，目前在肇庆学院教育科学学院心理系就职，致力于中国传统文化与本土心理学的理论研究和临床实践工作。有《古代小说与梦》《论狐狸精的"药丸"——〈聊斋志异〉中的心身疾病研究》《沙盘游戏治疗：纵深化与本土化》等专著和论文，并参加和主持了多项国家级、省级、市级课题。梦想是：从审美和实用两个角度去发现和传播我国传统文化和经典文学作品的魅力。

推荐序

狐狸精：从弗洛伊德到荣格

当我们快步迈入现代社会，狐狸精失去了生存空间，只存在于我们的遥想之中，而当我们阅读《聊斋志异》时，狐狸精还是一样活灵活现，拨动着我们的心弦。狐狸精这样的异族，与人类保持距离，又占住人类之间；有比人类更大的自由，却遭遇与人类同样的悲欢；有比人类更高的追求，但仍羁绊在人世间……

在那样的时代，狐狸精是我们多么特别的邻居，如此真实、如此梦幻般的存在！

狐狸精这样的形象，她是如何诞生于人的心灵世界的？这是怎样的鬼斧神工、福至心灵？珍视传统文化中这样的瑰宝，是开展中国人心灵研究与临床实践的重要前提。

人与狐狸精，始终在相遇，本书作者周彩虹由文学而至心理学，又重返文学，穿越不同时空，往返于与狐狸精相遇的途中。她持续不断地与不同的狐狸精相遇。

在《荣格心理学手册》一书中，克里斯蒂安·盖拉德在介绍荣格的艺术观中用了一个标题，"从一种相遇到另一种相遇"。借用这一说法，在此重点谈谈从弗洛伊德到荣格，对于文学艺术的研究在方法论上的发展。而研究方法论方面的探索，是周彩虹在狐狸精研究上重要的追求与实践。

在上述文本中，盖拉德通过呈现和分析荣格论述詹姆斯·乔伊斯的《尤利西斯》和毕加索的艺术作品，比较了荣格与弗洛伊德的差异，他的结论是："我们看到荣格已经背离弗洛伊德在'米开朗琪罗的摩西'中提出的'愿望满足'和升华的概念，甚至提出了相反的观点。而且，他义无反顾地放弃心理传记法这一研究工具……"

弗洛伊德的《达·芬奇和他的童年记忆》被认为是心理传记学的开山之作，而心理传记法一直是艺术精神分析最常用的方法，在周彩虹梳理的狐狸精研究文献中，不难看出这一方法的应用，即从作者童年经历中寻找艺术作品的意义，盖拉德说："但很明显这不是荣格对待艺术之方法的焦点。对一部艺术作品的分析绝不是他成为作者的临床医生或角色们的心理学家的借口。"这也是我阅读《温尼科特传》(罗伯特·罗德曼著，吴建芝、简意玲、刘书岑译，世界图书出版公司，2016 年)的体验，我在该书的推荐序中写道："在我的感觉里，本书与其说是一本传记，还不如说它是一份病历，是温尼科特和一大帮精神分析师的病历……"

那么，荣格在拒绝"应用精神分析"之后，开辟了怎样的道路？与弗洛伊德采用的回溯性重构的方法截然不同，"荣格故意让自己做梦；这是他思维的起点，他从自己的黑夜中有条不紊地探索并寻找涌现出的意象，从而使他自己的模型逐渐变得可控客观"。盖拉德对此总结道："他（荣格）对艺术的分析属于与无意识之关系这一概念和实践的范畴，能不断寻求一种解构、驳斥和反转的动力可能产生的积极效应，在危机、无序甚至是混乱的可能性出现之前不退缩。"以下的文字可以视为盖拉德对荣格的艺术观从内容到形式的具体说明："他的创造性概念完全在个体的范畴之外。当然，荣格可以显示出他能够关注到艺术家的个人命运，就像我们在毕加索身上看到的一样，但艺术中最重要的事物在别处。它们至少是代际性的，也就是说，艺术与一种文化在其从一代到另一代的长期转变过程中的进步或挫折有关，其节奏和时间线与个人生活的节奏和时间线有很大的不同。

"其结果之一是，他对艺术的精神分析几乎不存在导致其成为心理传记的风险。荣格的方法并不是想通过对艺术作品的解读来解释艺术家从出生到当下生活的起起落落，而是以类似梦的方式来接纳和分析这些艺术作品。荣格认为，对于无意识在艺术和梦中的作用，应该考虑的是它如何影响当下。其中一个主要的影响是，无意识表现为一种邀请，或一种挑衅，以打开另一个多元的，或至少是前瞻性的视角，从而进入我们的日常生活。"

周彩虹在对狐狸精的研究中，使用了扎根理论的方法，在阅读文本的过程中，她写下了大量的备忘录，记录了她面对狐狸精故事中的每一个字、每一个意象、每一个细节时所激发的所思所感，这是在荣格艺术观引领下全新的尝试，力图由此描绘中国人心理结构与心理发展的面貌。这一尝试的过程充斥着焦灼与迷茫，中与西，古与今，体验与理论，具体与抽象，在各种对立中折返；从弗洛伊德到荣格，最终听从内心的呼应，形成这一初步的作品，呈现狐狸精研究历程中新的篇章。

对于"狐狸精"这样的"经典"，包括那些"子不语"，甚至包括传统心性学的诸多命题，我以为我们一直在肢解、在割裂它们的完整生命形态，而没有在相遇中聆听整个身心的回响。或许，当我们珍视我们的感受与直觉，珍视我们的梦与幻想，我们开放、流动，"经典"便向我们敞开，我们真正与"经典"相遇，与"经典"相得益彰！

吴和鸣

2019.10

自　　序

　　狐文化是我国历史上非常特殊的一种文化现象。在原始社会，狐作为动物图腾被人们崇拜，唐宋之后狐被"妖"化、"仙"化，直至"人"化。狐早已超越了其本身的生物属性，积淀了各个历史时期极为丰富的文化内涵，成为一种独特的原型意象。林辰先生在《神怪小说史》中提出，在千妖百怪说不尽的精灵中，最有影响的就是幻化通灵的狐。李剑国先生在《中国狐文化》中认为："几乎没有任何一种动物像狐这样被最充分地赋予意味深长的文化含义。""狐是自然物，但在狐文化中，狐基本上不以狐的原生态形式出现，狐是被夸张、变形、虚化了的狐，狐成为观念的载体。"

　　我国的狐文化，集中反映在民间的狐信仰和小说中大量的狐狸精题材的故事。而叙述狐故事、刻画狐形象最为传神、最为成功的首推蒲松龄的文言短篇小说集《聊斋志异》，可以说该书是我国狐文化的集大成之作。本书就以《聊斋志异》82篇狐小说文本为研究对象，结合蒲松龄的生平经历和时代背景，对我国的狐文化展开系统的分析心理学研究，横跨文学和心理学两个领域，是《聊斋志异》研究和分析心理学的本土研究中的一次期望有所突破的尝试。

　　本书采用结构主义、扎根理论、原型分析等研究方法，对《聊斋志异》中的狐狸精小说进行了系统深入的心理学研究，发现以相遇为中心的叙事结构特征，提出了狐狸精是阴影原型的呈现，体现了阴影原型的诸多特征；狐狸精意象的历史变迁反映了人对阴影的认识过程；人狐关系是人不断与阴影对话，最终实现自性化的过程等观念。最后得出了狐狸精是阴影原型的结论。

在引言部分，作者梳理了中国狐文化的研究现状，提出了整体研究的基本思路。前面两章是本书的总论部分，第 1 章系统分析了《聊斋志异》成书的时代背景，界定了狐小说等基本概念，说明 82 篇狐小说文本统计的情况等。第 2 章综述了分析心理学中阴影原型和原型批评的相关研究，回顾了以往对《聊斋志异》的心理学研究，总结了研究的成果及不足，提出了将来研究的方向及研究的方法论问题。

接下来的几章是本书的主体部分。第 3 章，异乡的幻化。对《聊斋志异》中的人格面具和阴影展开研究。该研究首先从狐狸精的历史入手，探讨了对狐狸精意象发展的神化、妖化与人化三个阶段。使用扎根理论，提炼出《聊斋志异》中的人物颖慧多才、狂放傲世、富有胆量、耿直刚烈、性情纯笃、孝悌仁信等个性特征，并运用原型分析的方法研究了其作为人格面具的意义。本章还采用结构主义方法研究了人狐相遇的叙事结构中相遇前的环节，即人狐相遇前各自的历史与现实。

第 4 章，作祟与捉狐。研究《聊斋志异》中人狐敌对关系，即阴影的各种消极影响，以及个体面对阴影的压抑的态度与方式。该研究结合结构主义方法及扎根理论，发现睚眦必报与性欲等是作祟的主要动机，作祟的方式包括骚扰、幻化及蛊惑等。相应地，捉狐则显示了杀狐、收狐、驱狐与放狐等诸多选择，经历了困境、筹划、求助及结局等复杂过程。

第 5 章，人狐之恋。从《聊斋志异》中的人狐之恋看与阴影的对话。该研究以结构主义方法分析人狐相恋情节具有相见、遭遇危机及和解的叙事结构，此结构反映了认识阴影、接纳阴影等与阴影对话的心路历程。

第 6 章，整合之路。整体研究了《聊斋志异》人狐相遇的过程，即与阴影对话，最终实现自性化的过程。研究发现相遇的叙事结构具有不断敞开的解蔽特性，在特定时空发生的相遇故事，以恩怨为中心，把事件推向关系，进而从关系回到个体，不断走向自性化。

在本书的最后，对阴影与自性化进行了总结。提出了狐狸精是阴影原型的结论，并进行了一定的理论探索和研究方法的讨论，还为未来的研究提出了努力的方向。

《聊斋志异》中的狐故事深入人心，狐文化的魅力历久弥新，它们强烈地吸引着后世的人们运用不同的方法、从不同视角对其进行探索和研究。本书的作者在硕士研究生阶段就对这一题材的小说进行过初步的研究，完成了硕士论文《人妖婚配小说研究》。本书则是在作者由中文专业改学心理学专业之后的博士论文的基础上，又经过了几年的沉淀、思考和打磨，最终完成。期望通过本书对狐文化的心理分析的探索，抛砖引玉，为本领域的研究提供一些新的思路，能让我们对自身有更深的洞察，对心理学本土化有更好的理解，也为心理治疗带来更多的启发。

目　　录

引言：

心理学视野中的狐文化研究

1 "意味深长"的狐狸精

远古时期，由于对自然界的认识极其有限，人们便认为有一种神秘的力量在统治着大自然，许多动植物甚至非生物都是强大甚至神圣的。人们把一些无法解释的现象神话化，把一些动植物和非生物神异化。华夏大地，疆域辽阔，物产丰富，民族众多，民间的图腾崇拜之风极为盛行，很多动植物都被不同地区的不同民族作为部落圣物顶礼膜拜，虎、熊、牛、蛇（龙）、狐、猪、狗等更是很常见的崇拜对象。①

据考古发现，世界上几乎所有的原始部族都有过动物图腾崇拜。比如，在位于法国南部的德鲁瓦·弗雷尔山旧石器时代遗址洞穴里，发现了半人半兽形状的"兽主"像；在位于小亚细亚的萨勒特·许余克新石器时代遗址里，也发现了七千年前的原始祭台及壁画中的雄牛和兀鹰。至于狐狸岩画，是史前岩画的一个常见主题，反映着原始人狐狸图腾崇拜的文化心理，现今在各大洲均有发现，刻磨时间约在旧石器、新石器、青铜时代不等。在我国，阿尔泰山、天山、昆仑山、祁连山、贺兰山、阴山等地，都发现了以狐为对象的岩画。青海卢山

---

① 何星亮. 中国图腾文化 [M]. 北京：中国社会科学出版社，1992:44-46.

一幅岩画就把狐狸作为草原、牧场的守护神来看待，并加以崇拜。有狐狸在外围警戒，精心全力呵护，牧场才不致遭到兔属、鼠属小型兽类的无限制破坏，牧民们的生活才能够得到切实保障。原始牧民以狐作岩画的主题，饱含着他们对美好生活图景的殷切希望。①

所以狐作为最初的文化意象可追溯至原始社会的自然崇拜。按照初民"万物有灵"的观点，每一种自然事物，都有一种灵怪为其主宰，而对该灵怪的态度，就是对自然物的态度。狐作为初民崇拜的对象之一，在《史记·五帝本纪》中也有记载：黄帝"教熊、罴、貔、貅、虎，以与炎帝战于阪泉之野"。这六种动物就是六个氏族的图腾，其中的貔，据《尔雅》解释，为"白狐"。《太平广记》卷447《瑞应》："九尾狐者，神兽也。"《宋书·符瑞志》载："白狐，王者仁智则至。"狐意象作为自然崇拜的产物，更多地保留着图腾崇拜的遗迹，具有神灵的色彩。狐被视为一种神灵，在民间地位极高，广受推崇。②

狐狸这种面庞清秀、体型优美、聪明机敏、生性多疑的犬科动物，在中华民族漫长的历史岁月中，超越了其本身的生物属性，积淀了各个历史时期极为丰富的文化内涵，成为一种独特的原型意象。在原始社会，狐作为图腾物被人们崇拜，《诗经》《山海经》中关于狐的记载也主要是祥瑞、神圣的象征，大禹和妻子九尾狐女娇的传说成为人狐恋的发端。之后狐狸被"妖"化、"仙"化，直至"人"化，民间口头及文人笔端关于狐狸精的故事更是蔚为壮观、卷帙浩繁。狐狸精故事是我国精怪故事中数量最多、质量最高、历时最久远的一个重要的题材门类。

在千妖百怪说不尽的精灵中，最有影响的有三大类，第一类就是

---

① 李正学. 史前岩画中的狐崇拜 [J]. 寻根，2014(05):9-13.
② 周彩虹. 唐五代人妖婚配小说研究 [D]. 暨南大学，2005.

幻化通灵的狐。^①"几乎没有任何一种动物像狐这样被最充分地赋予意味深长的文化含义。""狐是自然物，但在狐文化中，狐基本上不以狐的原生态形式出现，狐是被夸张、变形、虚化了的狐，狐成为观念的载体。"^②

2 心理学视野中的狐文化研究

关于狐文化和狐狸精的研究最早始于清代，纪昀在《阅微草堂笔记》中对狐精做了简单的考索。他认为狐具有介于人与物之间的暧昧身份："人物异类，狐则在人物之间；幽明异路，狐则在幽明之间；仙妖异途，狐则在仙妖之间。"民国时期开始有一些外国学者从民俗学和民间故事的角度研究狐文化和狐狸精故事，国内学者如唐弢和陈寅恪研究了中国狐狸精故事的特点及"狐"与"胡"之间的关系。1949年中华人民共和国成立之后相当长一段时间，国内关于狐狸精和狐信仰的研究比较沉寂，一直到20世纪80年代以来，相关的研究才逐渐展开。^③

心理学视野中的狐文化和狐狸精研究则始于20世纪80年代。首先是一些学者开始关注并研究《聊斋志异》中人物内心世界的描写，如马瑞芳《论〈聊斋志异〉的心理描写》（1984）、孙树木《试以心理学的观点分析〈聊斋志异〉中的人物心理描写》（1988）、林植峰《谈〈聊斋志异〉中关于儿童心理特征的描写》（1989）等文，从普通心理学、社会心理学和儿童心理学的角度进行研究。还有几篇研究《聊斋

① 林辰．神怪小说史［M］．杭州：浙江古籍出版社，1998.26.

② 李剑国．中国狐文化［M］．北京：人民文学出版社，2002:1.

③ 任志强．中国古代狐精故事研究［D］．山东大学．2014.

志异》情爱心理的论文，如董国炎《论蒲松龄的情爱心理》（1988）、李淑琴《从〈聊斋〉中的人妖世界看蒲松龄的精神自慰》（1997）、王冉冉《"情"在〈聊斋志异〉中的审美价值》（1999）。另外一些人从创作心理，如王平《论〈聊斋志异〉创作心理中的潜在意识》（1988）、《论〈聊斋志异〉的三重创作思维格局》（1990）、《聊斋创作心理研究》（1991）、《论〈聊斋志异〉创造想象的个性特征》（1999）；从文化心理，如艾军《突破与回归——从两种女性形象的塑造看蒲松龄的文化心态》(1992)、王枝忠《〈聊斋志异〉与传统文化心理》（1993），以及其他方面对《聊斋志异》展开了心理学研究。这些研究基本都涉及了狐狸精小说。

从宏观和整体层面对我国的狐狸精小说和狐狸精信仰展开研究的首推台湾的几位学者。杨国枢、余安邦的《从历史心理学的观点探讨清季狐精故事中的人狐关系：（一）内容分析的结果及其解释》（1992），是一篇有数万字篇幅的会议论文，文章以清代的狐精故事为研究资料，分析和推理当时一般社会民众的心理与行为。研究组成员统计出清代各类文献中的狐精故事560篇，并运用分类编码对其进行内容分析，考察人类和狐精之间的关系。研究者从社会文化背景、时代风气、民俗信仰等角度分析清代狐精故事中的人狐关系反映出来的社会心理及其深层原因，提出清代狐精故事反映了人们求色求情与求财求助的心理与行为，其产生有其独特的社会文化因素，突显了清代民众对性与女人的矛盾和冲突。文章视野开阔、资料丰富、剖析深入，提供了从历史心理学和社会心理学角度分析古代民间文学作品（包括小说）探讨古人心理与行为的范式。不过这篇文章论证不够精密细致，总体稍显粗糙，或许因为是会议论文，还没有经过后期加工的原因。

台湾另外一位学者王溢嘉的《欲望交响曲——〈聊斋〉狐妖故事的心理学探索》（1992）也颇值得关注，文章用弗洛伊德精神分析理论中的"原欲"和"原我"分析了《聊斋志异》狐狸小说中折射的中国古代男女"原我"中的兽性，认为《聊斋志异》里的狐妖故事是中国人"个人原我"及"社会原我"的显影，透露了整个民族追求"色欲"和"财欲"满足的"集体潜意识"和"文化潜意识"。此外，文章还拓展开来，将台湾的两则民间传说《蛇郎君》《虎姑婆》与西方的《赛琪神话》《美女和野兽》《小红帽》比较，分析父亲和母亲对女儿不同的性教诲。文章中西结合，纵横捭阖，论证大胆。

不过，杨文和王文共同的不足之处在于，过于侧重探讨狐狸精故事蕴含的民众的求财求色等社会心理，而忽略了其图腾层面的祥瑞、审美层面的愉悦、蒲松龄个人的寄寓以及人格的整合等深层心理的研究。

运用原型批评理论研究狐狸精的学者最多。陈宏的《狐狸精原型的文化阐释》（1995），探讨狐魅的演化过程及其文化内涵，提出狐狸精原型的主体内涵是"恋畏情结"，即男性对女性又爱恋又恐惧的矛盾心理。赵元龄、李希云的《荣格和中国文化》（1996），在"荣格的原型论对中国文学原型的印证"部分，提出艺术的生命力恰恰在于原型本身的特征：从广度上看，原型具有巨大的浓缩力和概括力，它为全人类所共同拥有，同样也远远超越了文艺家个人的生活圈子。因此，艺术作品就道出了千万人的声音，可以拥有普遍的吸引力；艺术把思想从偶然与短暂提升到永恒的王国之中，将个人的命运纳入人类的命运之中。从深度上看，原型发端于远古神话，也带有揭示时代发展趋势的预言的性质。文章还分析了我国文学中屡次出现的狐狸精原型，如《太平广记》和《聊斋志异》中的狐狸精，认为狐狸精在它的发展过程中，祥瑞、妖异、成仙等身份的变化只是男性被压抑下的一种本能活动，也是漫漫的历史长河中民族的共同文化心理的积淀。

王伟的《中国狐精原型论略》（2007）认为，中国文化中的狐精原型源远流长，它既是一种母题，也是一种固定的具有约定性的联想群，它符合荣格、弗莱所说的原型的定义。可以把出现在中国古典小说中的狐精形象看作一个整体的狐原型，这个原型也是复杂可变化的，它代表着聪敏、自由性爱、突破传统束缚三种含义。狐精原型的长久生命力与中国中世纪封闭、僵死的文化环境，压抑性欲的独特社会氛围相联系。在具体的文学细节上，这种原型也随时代心理而变化，并与作家的个体心理体验紧密结合。

原型批评注重从集体无意识、从图腾层面开展研究，并且能结合时代内容和作家的个人境遇，深入而全面地将狐狸精研究推向纵深。其中也存在着泛泛谈论原型，却不能贴切地运用具体的某种原型理论进行分析的情形。如陈宏文中提出的"畏恋情结"其实是人类对待阴影的态度，而作者显然看到了人类对待狐狸精又爱又怕、想接近又想逃避的矛盾心态，却没有将其与阴影这个具体的原型结合起来进行阐释。

我国学者叶舒宪和美国学者杨瑞曾致力于《聊斋志异》中狐狸精的原型研究，还有一批研究人员也参与其中，并取得了较大的成就。这些将留到本书第 2 章详细介绍。

第 1 章
《聊斋志异》：狐文化的巅峰之作

"道冲，而用之或不盈。渊兮，似万物之宗。"

——《道德经》第四章

1.1　多事之秋：改朝换代与社会转型

《聊斋志异》的作者蒲松龄，山东淄川人，生于明崇祯十三年（1640 年），卒于清康熙五十四年（1715 年）。1644 年是甲申年，蒲松龄刚刚 5 岁，这一年是中国历史上意义重大的一年，它是：

明崇祯十七年；

李自成永昌元年；

张献忠大公元年；

清顺治元年。

风云突变，社稷属谁？腐败的明王朝、崛起的清廷，还有李自成、张献忠农民军，鹿死谁手，决定于这一年。[①]

蒲松龄青少年时期的明末清初是一个社会急剧动荡、灾难频仍的年代。由于明代末世王朝的残酷剥削，持续不断的农民起义，入关清军的烧杀抢掠，加之自然灾害频发，导致社会经济遭到严重破坏，城镇凋敝，耕田荒芜，尸骨遍野，满目疮痍。在蒲松龄出生的 1640 年前后，他的家乡山东几乎年年发生水旱蝗灾，以至于"人相食"，甚至"父子兄弟夫妻相食"。顺治十七年给事中姚延启《敬陈时务疏》这样记录当时百姓遭遇的各种苦楚：

---

① 马瑞芳. 幻由人生——蒲松龄传 [M]. 北京：作家出版社，2014:017.

天下之民，有圈地之苦，有逃人之苦，有喂养马匹供应大兵之苦，有封田之苦，有封船之苦，有盗贼焚掠海盗出没之苦，有水旱不时之苦。今不问疾苦，概责以十分之钱粮，而此外又有私摊私派，或一年三四次派，……如此之类，过于正赋者不知几许矣。①

在天灾人祸连年不断的情况下，清初统治者还进行了极为残忍的民族屠戮，除了著名的"扬州十日""嘉定三屠"之外，各地几乎都有较严重的掠夺、屠杀。清军的暴行激起了各地人民的激烈反抗，抗租、抗粮、闹赈、反科派斗争不断，清朝统治者进行了更野蛮残酷的镇压。这种情况一直持续到康熙帝亲政以后，朝廷才开始大幅度调整民族和经济政策，以缓和满汉对立的民族情绪，并开始按汉族地区原来的生产方式和生活方式恢复和发展生产。社会经济情况逐步好转，农业生产逐渐恢复，耕地面积扩大，粮食和经济作物产量逐年增长，手工业和商业也随之得到恢复。

而中国经济、文化及社会风气的转型在这之前的16世纪就已经发生了。明代嘉靖至万历年间的政治、经济改革中出现的"边禁""海禁""银禁"等三禁开放，是明清社会近代转型开启的直接动力和核心标志。余同元著文分析②，这种转型表现在以下几个方面：

第一，商品性农业以前所未有的规模和速度发展，引起农业经济和农村社会发生深刻的结构性变异。

第二，手工业的历史性变革与发展。

第三，赋役货币化与货币白银化。

第四，形成于16世纪的以徽商、晋商等商帮为代表的大商人资本兴起，全国性市场形成，如商品种类增多，商品流通范围扩大，商人

① 王戎笙. 清代全史·第二卷 [M]. 吉林：辽宁人民出版社，1991：225.

② 余同元. 明清社会近代转型及转型障碍 [J]. 江南大学学报（人文社会科学版），2011，10(05)：58-69.

势力空前壮大与社会地位提高，等等。

第五，资本主义萌芽与早期市场化进程开启。

第六，社会关系与社会风气之变化。

明朝中后期以贾代耕和弃儒从商风气形成，表现为：轻本重末和弃学经商风气形成，"徽州风俗以商贾为第一等生业，科第反在次者"。一邑士人之业贾者常达十之七八。价值取向变化，"治生尤切于读书""夫贾为厚利，儒为名高。夫人毕事儒不效，则弛儒而张贾；既侧身饟其利，及为子孙计，宁驰贾而张儒。一张一弛，迭相为用"，追求名利双收的人生。重商思潮出现，如王阳明提出"四民异业而同道"，李梦阳提出"士商各守其业，异术而同心"，李贽论证重利求财是人的本性，张居正主张"厚商""资商"，最后到黄宗羲那里便形成了"工商皆本"的思想。

人们的思想观念和文学艺术也随之发生了明显的变化，尤其值得关注的是 16 世纪阳明心学思潮与反传统思潮的兴起，17 世纪实学思潮与早期启蒙思潮的兴起。

宋明理学汲取非儒学思想使自身理性化而形成新思想体系（又称新儒学），反传统思潮以批判为主，在批判中迸发出若干新思想因素。王艮的"尊身立本""爱身如宝"论，李贽的"人必有私""穿衣吃饭即是人伦物理"论，都闪耀着近代人本主义的思想光辉。在充分肯定自我与人的欲望的前提下，伦理观、财富观、权威观与政治观都在发生变化，呈现着近代人文主义色彩。黄宗羲对君主专制的批判和对开明君主制的设计，更是那个时代新型政治思想发展的高峰。吴承明指出，所有社会经济变迁，上升到最高层次上都要受占统治地位的文化思想所制衡 (conditioned)。此制衡有二义：一是不合民族文化传统的经济、制度变革往往不能持久；二是文化思想变革又常是社会和制度变

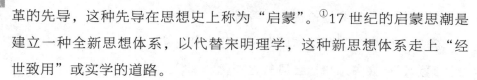

革的先导，这种先导在思想史上称为"启蒙"。[①]17世纪的启蒙思潮是建立一种全新思想体系，以代替宋明理学，这种新思想体系走上"经世致用"或实学的道路。

明朝中后期，公安派、竟陵派诗文兴起和市民通俗文学繁盛具有全新的意义。以小说、戏曲和市井民歌为主要形式的反映城镇商业手工业繁荣，反映市民阶层和广大民众、下层知识阶层生活及思想情绪、审美观念的市民通俗文学构成了明朝后期文学艺术的主要特色。徐渭、李贽、汤显祖、袁宏道与冯梦龙等文学巨匠提出了具有近代人文启蒙性质的文学理论，反对传统礼法束缚，宣扬人的个体价值，鼓吹人性解放与个性自由；追求"本色"、"率真"与自然，反对伪饰矫作和刻意模拟古人；推崇新奇，不拘格套，开创积极浪漫主义新风。

立君养民、给民恒产，藏富于民、导民生财，工商皆本、四民平等，肯定私欲、义利并重，天下兴亡、匹夫有责，突破约束、尊重人性，文学艺术推崇本色率真、追求新奇等新思想和社会风气在明清时期有了广泛的民间认同和群众基础。[②]

在明末清初（大体从明万历至清康熙年间）的社会巨变中，作为社会精英的士人群体，经历了前所未有的社会变迁——商品经济对于价值观念的冲击，越礼逾制对于等级秩序的颠覆，问题纷扰的现实局面，由明至清的鼎革易代，由宽松到严厉的社会控制，等等，士人群体面临着反复的、多重的社会选择。晚明士人，或仕或商或文，明清之际的士人，或殉节或隐逸或降清，在不同的价值取向和利益抉择中，士人必须做出自己的选择。[③]

---

① 吴承明. 中国的现代化：市场与社会 [M]. 北京：生活·读书·新知三联书店，2001.

② 陈碧芬. 明清民本思想研究 [D]. 云南大学，2011.

③ 吴琦. 明清社会群体的新趋向 [J]. 华中师范大学学报（人文社会科学版），2011,50(02):76-82.

然而对那些基层士人来说，维持生计、养家糊口是首先要担起的重任。除传统的耕读自食之外，他们还通过教授里闾、行医济世、弃儒服贾、卖文博食、托身公门等多种方式谋生，几乎各个领域、各个行业中都可看到他们的身影。基层士人群体在积极拓展生存空间、改善生存境遇的过程中，充分利用家庭、宗族、地方社会等大小不一的价值实现平台，强化他们的士人职能与操守。① 蒲松龄的父亲蒲盘就是在科考屡挫之后弃文经商，从而家境渐渐殷实起来。但他为人忠厚，乐善好施，喜欢为公众事业出财出力，所以并没有积攒多少家业，加之中年之后连得四子，人口增多，家境也只是小康水平。后来分家时，他留给蒲松龄的家产只有三间场屋和一些破烂的家具农具。为谋生计，蒲松龄不得不加入入幕或坐馆——给官宦人家当家庭教师的行列中。

政治、经济及文化等方面的传承和新变，为蒲松龄这位伟大的艺术家和他的文言短篇小说集《聊斋志异》的出现，提供了现实的可能和孕育的土壤。

1.2 幸与不幸：落第的文学家

明崇祯十三年（1640 年），又一个大灾之年，开春以来，山东连续几个月没有下过一滴雨。土地干旱得裂开了一道道口子，像灾民们因饥饿而张大的嘴巴。六月五日晚，淄川城东七里之遥的满井庄商人蒲盘在一个奇怪的梦中醒来，他的第三个儿子、第二个嫡子呱呱落地，

---

① 张烨. 明清时期山东地区基层士人研究 [D]. 华东师范大学, 2013.

他给孩子取名"松龄"。

据蒲松龄本人记载，他是在父亲梦到一个瘦骨嶙峋、胸前贴着膏药的病和尚闯进了即将临盆的母亲的房间时出生的。蒲松龄的人生，从一开始就蒙上了一层凄凉落寞的色彩。

蒲盘原来也是一个读书人，二十多岁还没能考中秀才，"遂去而就贾"，家里生活条件有所改善，但随着四子一女的出生，负担日益沉重。在兄弟四人相继成年、娶妻生子之后，蒲盘年老难支，家境逐渐没落。分家之后，蒲松龄"居惟农场老屋三间，旷无四壁，小树丛丛，蓬蒿满之……假伯兄一白板扉，大如掌，聊分内外"。

连秀才都没考中的蒲盘把金榜题名的希望寄托在儿子们的身上。蒲松龄长子蒲箬在《清故显考、岁进士、候选儒学训导柳泉公行述》中说"先父性慧，经史皆过目能了，处士公最钟爱之"。蒲松龄11岁从父读书，饱读诗书，闻名乡里。顺治十五年（1658年）秀才考试，清初诗坛号称"南施北宋"中的"南施"即安徽宣城诗人施闰章刚好到山东做提学道，由他主持道试。试题为《早起》《一勺之多》。蒲松龄在《早起》"首艺·起讲"中写道：

起而早也，晌之计决矣。夫齐妇之起何以早也？惟晌良人之故。尝观富贵之中，皆劳人也。君子逐逐于朝，小人逐逐于野，皆为富贵也。至于身不富贵，则又汲汲焉伺候于富贵之门，而犹恐其相见之晚。若乃优游晏起，而漠然无所事者，非放达之高人，则深闺之女子耳。

凭借着文学家独有的敏感，施闰章对蒲松龄的文章大为激赏，兴奋地写下这样一段批语："首艺空中闻异香，下笔如有神。将一时富贵丑态，毕露于二字之上，直足以维风移俗。次，观书如月，运笔如风，有掉臂游行之乐。"

于是，19岁的蒲松龄"初应童子试，即以县、府、道三第一补博士弟子员，文名籍籍诸生间"。初战告捷，这段经历成为蒲松龄人生最辉煌的时刻。现在回头来看，蒲松龄童子试的文章《早起》，文中对追名逐利者心态栩栩如生的描写、入木三分的刻画，体现的是一个小说家体察人情世态的敏锐、描摹世情刻画人物的天赋。施闰章在这次考试中发现的是一个未来的小说家、文学家，而不是将来的举人或进士。

施闰章的知遇之恩为蒲松龄一生科场屡败却屡战的毅力提供了巨大的精神支持，蒲松龄踌躇满志，义无反顾，"日夜攻苦，冀博一第"。但历经近 40 载，入乡闱十余次，每次都是"如棘闱辄见斥"，一直到了 72 岁时，才得到一个岁贡。多年科场的失败使得科举考试成为蒲松龄心中一个难以舍弃的情结。他一方面对科举制度有着深刻的"怨"和"愤"，在《聊斋志异》中对科举制度进行了多方面的批判；但另一方面，他仍然把通过科举走上仕途作为人生成功的一个重要标志。

顺治十六年（1659 年），蒲松龄与几位少年得志的朋友结郢中诗社，后来又受邀在家境富裕的好友李尧臣家读书，不久又到青云寺苦读。那时，有书生寄读寺院的风气。青云寺没有成为蒲松龄直上青云的天梯，但它清幽雅致，是个修身养性的好地方。在寺中，可挑灯夜读经书闲书，亦可坐观晨曦晚霞，行看风光旖旎，这位天才文学家的灵性得到了陶冶。《聊斋志异》中的许多故事发生在寺庙，应当与蒲松龄的这段经历有关。

蒲松龄的元配妻子刘氏陆续生下三子一女之后，这个小家庭食指浩繁，生活愈加困难，家贫不足自给。生计无着，又仕进无路，为了养家糊口，康熙九年（1670 年），蒲松龄挥泪告别妻儿老母，应好友孙蕙之邀启程前往江南的宝应，开始了他一生中唯一的一次南游幕宾生活。也正是在这一时期，蒲松龄认识了他终生倾慕却沦为孙蕙侍妾的歌姬顾青霞,《聊斋志异》中的一些女子的形象就是以她为原型塑造的。为期一年的短暂官场生活对蒲松龄毕生的思考、写作,乃至内心深处的情感,有着至关重要的作用。蒲松龄此期创作的南游诗则对他终身的诗歌特点,乃至写文章、构思《聊斋志异》的特点,有举足轻重的作用。[①]

从康熙十二年（1673年）起,蒲松龄开始到缙绅人家坐馆,直到古稀之年才撤帐回家,做了近40年之久的家庭塾师。因为长期生活在乡村,蒲松龄目睹了当时农村遭受水、旱、蝗灾侵扰的悲惨情景:"流民满道路,荷篮或抱婴。腹枵菜色暗,风来吹欲倾。饥尸横道周,狼藉客骖惊。"(《五月归自郡,见流民载道,问之,皆淄人也》)心情非常沉重:"愁旱心煎熬。"(《旱甚》)对于繁重的苛捐杂税,他在《田间口号》中写道:

日望饱雨足秋田,雨足谁知倍黯然。

完得官粮新谷尽,来朝依旧是凶年。

对于人民疾苦的深切感受激发了他为民请命的精神,所谓"感于民情,则恻侧欲泣,利与害非所计及也"(《与韩刺史樾依书》)。也正是这种精神使他敢于面对当时的黑暗现实并进行揭露批斗。

在《聊斋志异》中,蒲松龄对当时的社会现实环境,人民所受的兵侵吏扰、苛捐杂税、水旱饥蝗之苦等也多有反映。对于清兵的暴行,他写道:"于七之乱,杀人如麻"(《野狗》),"于七一案……一日俘数百人,尽戮于演武场,碧血满地,白骨撑天"(《公孙九娘》),"未几,北兵大至,屠济南,扛尸百万"(《鬼隶》),"时大兵凯旋,俘获妇口无算,插标市上,如卖牛马"(《乱离》)。

蒲松龄一生著述甚丰,但一部文言短篇小说集《聊斋志异》就奠

[①] 马瑞芳. 幻由人生——蒲松龄传[M]. 北京:作家出版社,2014:118.

定了他在文学史上不朽的地位。《聊斋志异》代表了蒲松龄的最高文学成就，也是继唐传奇之后中国古代文言笔记小说的第二个高峰。蒲松龄通过《聊斋志异》反映了那个时代广阔的社会生活，特别是中下层人民的生活；创造了众多风采各异的人物形象；对封建官场的黑暗、科举制度的腐朽以及封建社会妇女的遭遇等重大的社会问题都进行了揭露、抨击、批判。鲁迅先生评价它"花妖狐魅，多具人情"，郭沫若说它"写鬼写妖高人一等，刺贪刺虐入木三分"。

纵观蒲松龄的一生，主要围绕两条并行的脉络展开：一是参加科举考试，蒲松龄 19 岁以县、府、道三个第一考中秀才，21 岁开始参加乡试，之后的数十年几乎逢考必去，却"三年复三年，所望尽虚悬"（《寄紫庭》）。二是以毕生精力孜孜不倦地创作《聊斋志异》，最终书成名就，成为享誉中外的杰出文学家。[①]

蒲松龄的精神世界蕴藉丰厚、悠长深远，却"高处不胜寒"。特别是他满腹才华却通天无路、报国无门。科考路上的阻塞和绝望，使他在思想意识深处与科举制度产生了激烈的对撞。"士之不得志者，未尝不发愤于文辞"。蒲松龄从早年就"雅爱搜神""喜人谈鬼"。他在 31 岁去宝应县途中写道："途中寂寞姑谈鬼，舟上招摇意欲仙。"第二年又写"新闻总入鬼狐史"，听到了新的鬼狐故事就加工写进《聊斋志异》。如果说他年轻时对《聊斋志异》的创作和整理是一种志趣和爱好，那么在黑暗现实中几经沉浮后，已届不惑之年的他穿梭于异域冥界，是巧借谈鬼说狐，针砭现实，抒写孤愤，把满心郁积的忧愁与愤懑的情绪体验，倾泻于笔端，"集腋为裘，妄续幽冥之录"。

蒲松龄生性清高自傲、孤峭耿直。他慨叹"俗衣悔不似渊明"（《见

① 吴兴兰.从蒲松龄"自传性"作品中解析其人格特质［J］.蒲松龄研究，2012（01）：10-18.

刘桼，慨然怀靖节》），表达了对靖节先生远离尘网、隐逸田园的敬慕之情。"生无逢世才，一拙心所安。我自有故步，无须羡邯郸。世好新奇矜聚鹬，我惟古钝仍峨冠。古道不应遂泯灭，自有知己与我同咸酸。何况世态原无定，安能俯仰随人为悲欢？君不见：衣服妍媸随时眼，我欲学长世已短！"（《拙叟行》）表现了他的正直耿介和对丑恶社会现象的不满，这是封建社会一个正直的知识分子固贫守拙、坚持自我，不与世俗同流合污的高洁秉性。

蒲松龄的性格中还有"狂"的特质。蒲松龄常常自称"狂生"，自诩"千古文章赖我曹"。但蒲松龄的"狂"不是夜郎自大，而是对"仕途黑暗，公道不彰"的抗议和蔑视。蒲松龄终身困于场屋，胸中怀有对社会不公、命运不济的愤懑之情，也满怀冲破世俗樊篱的豪迈狂放之气概。面对魑魅魍魉横行的世道，蒲松龄超越了中庸之道，展示出内心的"狂"态。他把一腔孤愤难耐之情、一股郁勃不平之"狂"气熔铸到《聊斋志异》中，从而塑造出"茫茫六道"异彩纷呈的人物形象。

蒲松龄的个性刚正不阿、孤傲耿介、狂放无畏、洁身自爱，在经历了封建王朝的腐朽黑暗、从上至下的横征暴敛、屡试屡挫的科场失意后，他毅然决然地选择了在沉默中爆发——用创作聊斋小说表达心中的失望愤怒和对美好生活、理想社会的构筑与向往。

蒲松龄，科考场上在初战告捷之后，再也没能向前迈进一步，治生方面更是半生塾师一世清贫。但一部《聊斋志异》却成就了他在中国文学史上不朽的地位。文章憎命达，一千多年前的杜甫就已经发出了这样的感慨。诗人和小说家个人经历极其不幸，却为民族和国家留下了宝贵的精神财富。幸，还是不幸？

1.3 幻由人生：狐狸精的世界

1.3.1 关于狐、狸、狐狸和狐狸精的概念

关于这些概念，学术界已有研究者进行了考证和归纳[1][2]，本文借鉴了这些成果，并将其整理如下。

1. 狐

狐的品种很多，常见的有赤狐（又称红狐）、北极狐（又称白狐）、灰狐（擅长爬树，又称树狐）、沙狐。我国的狐多是赤狐种，毛长轻软，颜色不一。华北华南的赤狐以草黄色居多；东北的赤狐毛色橙红，颜色鲜明，行动迅速，一身似火，跳跃起来如同火光一般，故又称火狐。另外，银狐体毛黝黑，毛端呈白色，如同身披一层薄纱。黑狐则浑身乌黑，只有尾尖白，数量十分稀少。火狐、银狐、黑狐这些名字，源自国人常以颜色命名的习惯。在实际的动物分类学中，这些都是赤狐的变种，数量并不多。赤狐在我国分布很广，河北、内蒙古、黑龙江、吉林、辽宁、山东、江苏、安徽、江西、福建、湖北、湖南、广东、广西、陕西、甘肃、青海、新疆、四川、西藏等地均有赤狐的踪迹。

2. 狸

关于狸，《说文解字·豸部》说狸是"伏兽，似貙"。段玉裁注"伏兽谓善伏之兽……即俗所谓野猫"。这种狸属于猫科，又称豹猫、山猫、野猫。它的形体比家猫大，胆大、凶猛，善于伏击。但还有另

---

[1] 任志强. 中国古代狐精故事研究 [D]. 山东大学,2014.

[2] ［日］吉野裕子. 神秘的狐狸：阴阳五行与狐崇拜 [M]. 井上村, 汪平, 等, 译. 沈阳：辽宁教育出版社,1990.

外一种属于犬科的狸,俗称"貉子",仅分部于东亚地区,外形颇似狐而略小,且吻部较短,两耳短而圆,面部两侧有两大丛毛向两边横生,两眼之下,有一黑褐色区域,体呈灰褐色,杂有黑毛与黄毛,也有生长过程出现突变,通体为黑色和白色的。在我国分布于河北、山东、山西、东三省、陕西、山西、安徽、江苏、湖北、湖南、贵州、云南、广东、广西等地。

狸不仅与狐外形相似,而且气味雷同。两者均有浓郁的骚味,来自后脚心的一处小孔,此处与一条分泌腺相连通。尾巴也有一条分泌腺。这两处散发出来的骚味,是狐与狸的标志。尽管气味相似,但两者外形神韵则迥然有别。赤狐的眼睛像杏眼,稍微上翘,眼神敏锐,吻部突出,腿部修长,体态丰盈,直立时恰似一妖媚女子,十分迷人。但是狸的眼睛圆,吻部短,跟狐比起来神韵和魅力就差很多了。

3. 狐狸

狐和狸这两种夜行性的小动物形态相近,生活习性类似,所以古人常常把它们看成同类,很早就出现了狐貉、狐狸的连文,加以混用。如《诗经》"取彼狐狸,为公子裘",《淮南子·缪称训》说"狐狸非异,同类也"。汉字是单音节,人们常常喜欢用合称词,如杨柳、豺狼、狐狸等都是常用的合称词。其实,杨是杨树,柳是柳树,二者树姿相似,故连用,后来杨柳则专指柳树;豺狼是近亲动物,豺狼连用后来专指豺;狐是狐,狸是狸,狐狸连用到了近世则专指狐,而将狸排除在外,狐精也就称为狐狸精了。

正因如此,在狐或狸的故事中,民间常不加区分,统称狐狸。这种现象在《聊斋志异》中也有所表现。因此,本书在行文过程中也遵照习俗以"狐狸"指称狐或狸,有时简称"狐";以"狐狸小说"指称关于狐或狸的小说,有时简称"狐小说"。不过聊斋中的狐狸基本上是狐,而很少有狸。

古人与狐的直接接触，开始于狩猎。前文我们谈到了青海卢山的狐狸岩画，《周易》中也有捕获狐狸的明确记载，《解卦》云："田获三狐。"就是狩猎记录。在猎狐的活动中，古人对狐狸的习性逐步有所了解，大体可归纳为四点[①]：

（1）昼伏夜出

《庄子·山木》云："夫丰狐、文豹，栖于山林，伏于岩穴，静也；夜行昼居，戒也。"王弼《周易·解卦》云："狐者，隐伏之物也。"这些都是说的狐昼伏夜出的习性。这一习性是在自然界中生存竞争的结果，《庄子》用"戒"来解释这一习性，"戒"即警戒，也就是说狐具有警惕性，戒备心重，为趋利避害，故而夜行昼居。从狐的夜行习性也就引出了古人对狐内在禀性的认知，即生性机警。不过这种夜行动物，也不免带上阴暗神秘的色彩。

（2）狐性多疑

古代有"狐疑"一词，屈原《离骚》中有"心犹豫而狐疑"这样的语句。《汉书·文帝纪》记载文帝元年诏云："方大臣诛诸吕迎朕，朕狐疑。"唐颜师古注曰："狐之为兽，其性多疑。每渡冰河，且听且渡。故言疑者，而称狐疑。"狐听冰渡河的说法，出自晋人郭缘生《述征记》。据说，冰刚结的时候，人们不敢渡，便用狐狸来让它先走一走看。狐狸性多疑，又善于听，它在冰上走，总是边走边听，听听冰下没有水声，才肯走过去。只要狐狸敢从冰上走到对岸去，车马也就可以放心从冰上渡过河去了。

还有一个狐埋狐搰的说法，这个比听冰渡河之说还要早。《国语·吴语》云："夫谚曰：'狐埋之而狐搰之。'是以无功。"韦昭注："埋，藏也。搰，发也。"大意就是狐狸要是埋藏什么东西，埋好之后，往往

---

① 李剑国. 中国狐文化 [M]. 北京：人民文学出版社，2002:10-15.

不放心，一会儿就又把它挖出来瞧瞧。所以，形容疑虑过多、做事不易成功，就叫"狐埋狐搰"。

（3）机智多诈

狐的多疑其实也是机警的表现，唐代不少文人都以"智"来赞许狐。如滕迈在《狐听冰赋》中说"一兽之智"，白行简在《狐死正首丘赋》中也说"听冰而表智"，李咸在《田获三狐赋》中说"嘻兹狐之无知，何虽兽而似智"。说到狐的智，最突出的表现就是"狐假虎威"。这则寓言故事，一般人多以此来论说狐狸的狡猾，其实说狐狸狡猾，是站在老虎的立场；若站在狐狸的立场来看，一只小小的狐狸，能在老虎虎视眈眈的威胁下保全性命，还能有所凭借戏弄百兽之王，从求生的本能来说，这不是狡猾，而是智慧。

不过狐狸确实也显示出狡诈的一面。《淮南子·人间训》记载了狐捕雉的情形："夫狐之捕雉也，必先卑体弭耳，以待其来也。雉见而信之，故可得而禽之。"《淮南子》称此种伎俩为"禽兽之诈记"。

（4）狐死首丘

《礼记·檀弓上》："古之人有言曰：狐死正首丘，仁也。"孔颖达疏："所以正首而向丘者，丘是狐窟穴，根本之处。虽狼狈而死，意犹向此丘，是有仁恩之心也。""狐死首丘"的说法在各种文献中不断被古人提到。古人认为，凡是鸟兽大多有恋旧向本的倾向，其中狐死首丘现象最为突出，说明狐有强烈的故丘情结，这是狐的灵性所在，也是狐近乎人情之处。儒家用仁的学说来解释狐死首丘，狐于是被赋予道德品格，故丘情结提升为仁性，《白虎通》甚至解释说，天子诸侯大夫服狐裘，就是为了用狐不忘本的德性来警示自己。由此又发展为对狐的全面伦理化。东汉许慎《说文解字》说狐有"三德"："其色中和，小前大后，死则首丘，谓之三德。"狐毛色棕黄，黄在五色中处于中，此之谓中和。小前大后，指狐的形体头小尾大，由小渐大，秩序井然，有尊卑之序。狐死首丘，表明狐不忘本，有仁德。

古人对狐的习性的认识后来还有一些，如性淫等，但主要是以上四点。这四点对于狐所扮演的文化角色至关重要。不管是狐的多疑机警还是"狐死首丘"，都证明了狐的灵性。

4. 狐狸精

物老成精，古人称作魅。自然界的一切生物乃至非生物年老寿长或历时久远均可变异形体甚至幻化为人形。《论衡·订鬼》云："物之老者，其精为人，亦有未老，性能变化，象人之形。"《抱朴子·登陟篇》亦云："万物之老者，其精悉能假托人形，以眩惑人目。"狐狸最早是作为被人们崇拜的图腾，而与精怪和鬼联系起来则是在两汉时期。东汉许慎《说文解字·犬部》说："狐，妖兽也。鬼所乘之。"两晋以来，人们开始认为狐能够变化成人形。郭璞《玄中记》载："狐五十岁，能变化为妇人，百岁为美女，为神巫，或为丈夫与女人交接。能知千里外事，善蛊魅，使人迷惑失智。千岁即与天通，为天狐。"狐狸经过修炼，可以变化为人的样貌，男女老少皆可，最高的境界是变化成妙龄美女，并且能够通天。

古人认为，动物中最有灵性的就属狐了，狐的灵性成为它被高度灵异化的生长点。不管是作为瑞兽、神兽还是作为妖兽、妖精、狐仙，它被赋予的神秘功能及人情人性以及超人才智，都是它原始灵性的扩大和延伸。作为妖精，它变化多端，成为妖精之最。《二刻拍案惊奇》第二十九回云："天地间之物，惟狐最灵，善能变幻，故名狐魅。"这都根植于人们对狐的灵性的无限强化和放大，再加之狐昼伏夜出的习性，都容易使人们对这种带有神秘色彩的有灵性的暗夜动物产生敬畏之情，或奉为神灵加以崇拜，或视其为不祥之物而唯恐避之不及。

原始的动物性，神秘的灵性，富有神通，人情和人性，亦敌亦友，

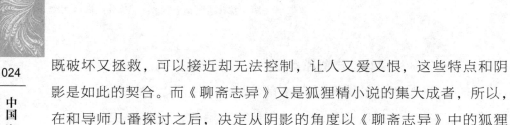

既破坏又拯救，可以接近却无法控制，让人又爱又恨，这些特点和阴影是如此的契合。而《聊斋志异》又是狐狸精小说的集大成者，所以，在和导师几番探讨之后，决定从阴影的角度以《聊斋志异》中的狐狸精小说为主要文本依据，展开研究工作。

1.3.2 狐狸小说概念的界定

狐狸以超过其本身智慧的形象出现在文学中，并非我国所独有。如法国的列那狐的故事，在世界上的影响恐怕比我国的狐故事还要广远，时代也比较早，相当于我国的南宋。近期如英国的《夫人变狐狸》，1922年问世，第二年就连获两项大奖，使它的作者戴维·加尼特一夜成名。但狐在文学中成为一种既能变幻又具人情的特殊形象，构建出表现各种社会生活的故事，而大家又都在遵循因而也都认可的狐世界的规律，却是中国所特有。从两千多年前狐传闻滥觞开始，直至清末，经过历代人民的想象、创造、丰富、积淀，就像写人的故事必须依据人间社会的规律一样，写狐的故事也必须依据这个人们制造出来的狐社会的规律，于是作者相继，作品如林，直到蒲松龄《聊斋志异》的出现，终于蔚成狐狸故事的大观。①

学术界把明确含有狐、狐狸、狐仙、狐狸精等狐形象的小说称为狐小说，并把狐形象作为一种文化意象进行考察。中国古代小说中的狐意象，源于远古时期先民的图腾崇拜意识。两汉时期，它呈现出瑞兽和妖兽的双重身份。从六朝到唐代，狐在被神化和妖化的同时，也不断地在向人的方向发展，逐渐获得人的外形和气质。到了明清时期，文学作品中狐的形象和内涵更加丰富多彩，其反映社会生活的广度和深度也达到前所未有的程度。尤其《聊斋志异》中具有人形美、人性

① 陈炳熙. 论《聊斋志异》中的狐情［J］. 蒲松龄研究, 2003(02):16-33, 52.

美、人情美的狐意象，既是作者寄托情感、慰藉心灵、超越现实、实现生命价值的载体，更是那个时代社会、文化状况的反映。[①]

1.3.3　文本统计情况

《聊斋志异》是写狐最多的文言短篇小说集，是狐狸精意象的集大成之作，涵盖了中国传统文化中狐意象的各种类型、特性。《聊斋志异》共 491 篇小说，鬼狐故事就有 258 篇，其中狐故事有 82 篇，可说是全书的精华与核心部分，故《聊斋志异》民间俗称《鬼狐传》。传中狐家族最多的为漂亮的狐女，也有可人的少年、有道的老叟和慈祥的老媪，等等。从情节内容上，可分为狐妻型、狐报恩型、狐友型（助人）、狐炼丹、狐谐型、狐祟型、狐仇型和除狐型等故事。从狐典型、气质、性类、形象上看，也可以分为情狐、义狐、天狐、文狐、妖狐、凡狐（动物狐）六种类型。[②]

关于《聊斋志异》中的狐小说数量和具体篇目，学术界历来各执一词、争论不休，比较有代表性的是新加坡学者辜美高先生在其论文《谈"狐"——〈聊斋志异〉札记》中列出的 86 篇[③]和国内学者汪玢玲在其专著《鬼狐风情——〈聊斋志异〉与民俗文化》第五章《〈聊斋志异〉与狐文化》之附录《〈聊斋志异〉中狐故事篇目》中列出的 82 篇[④]。根据两位学者列出的篇目名称，对照《聊斋志异》原文，笔者逐

---

① 唐莉．论《聊斋志异》中狐意象的文化意蕴 [J]．甘肃高师学报，2008，13（06）：42-45．

② 汪玢玲．鬼狐风情——《聊斋志异》与民俗文化 [M]．哈尔滨：黑龙江人民出版社，2003：200．

③ 辜美高，王枝忠（编）．国际聊斋论文集 [M]．北京：北京师范大学出版社，1992：252-253．

④ 汪玢玲．鬼狐风情——《聊斋志异》与民俗文化 [M]．哈尔滨：黑龙江人民出版社，2003：219-220．

一校对确认，对有出入的篇目根据具体文本内容进行取舍和增删，如对于没有明确出现狐的篇目如《仙人岛》《白玉玉》《阿霞》《金陵女子》《云翠仙》《霍女》等予以排除，对出现讹误如《侯静山》讲的是猴子而非狐、《胡四娘》是人而非狐等篇目也进行了剔除，最后确定了82篇。为了研究便利，根据篇目在《聊斋志异》中出现的顺序，研究者对82篇狐小说进行编号，如第一篇《捉狐》为001号，第二篇《狐嫁女》为002号，以此类推。

《聊斋志异》中的82篇狐小说具体卷次和篇目如下表。

《聊斋志异》狐小说篇目统计表（82篇）

卷次	篇目	合计
卷一	捉狐、狐嫁女、娇娜、狐入瓶、焦螟、灵官、王兰、王成、青凤、贾儿	10篇
卷二	董生、婴宁、胡四姐、侠女、酒友、莲香、九山王、遵化署狐、汾州狐、巧娘、狐联、潍水狐、红玉	13篇
卷三	胡氏、伏狐、黄九郎、少髭、刘海石、犬灯、狐妾、毛狐、（汪玢玲：金陵女子、阿霞？）	8篇（+2篇？）
卷四	青梅、狐谐、雨钱、辛十四娘、双灯、捉鬼射狐、胡四相公、念秧	8篇
卷五	秦生、鸦头、封三娘、狐梦、农人、武孝廉、上仙、郭生、荷花三娘子	9篇
卷六	马介甫、（汪玢玲：云翠仙？86版《聊斋》也说她是狐仙）、河间生、胡大姑、刘亮采、萧七、周三、冷生、狐惩淫	8篇（+1篇？）
卷七	沂水秀才、甄后、阿绣、杨疤眼、小翠、（辜美高：仙人岛？）	5篇（+1篇？）

续表

卷次	篇目	合计
卷八	嫦娥、盗户、丑狐	3 篇
卷九	凤仙、小梅、绩女、张鸿渐、王子安、金陵乙、陵县狐	7 篇
卷十	真生、彭二挣、牛同人、长亭、恒娘	5 篇
卷十一	司训、狐女	2 篇
卷十二	褚遂良、姬生、浙东生、一员官、（汪玢玲：房文淑？）	4 篇（+1 篇？）
总计		82 篇（+5 篇？）

注：

1. 本统计表中的篇目主要依据辜美高（新加坡）论文《谈"狐"——〈聊斋志异〉札记》和汪玢玲专著《鬼狐风情——〈聊斋志异〉与民俗文化》第五章《〈聊斋志异〉与狐文化》之附录《〈聊斋志异〉中狐故事篇目》，对有出入的篇目根据具体文本内容进行取舍和增删。

2. 本统计所用《聊斋志异》篇目名称和文本主要依据：《〈聊斋志异〉会校会注会评本》，蒲松龄著，张友鹤辑校，上海古籍出版社，2011 年 1 月第 2 版；《全新注本〈聊斋志异〉》，蒲松龄著，朱其铠主编，人民文学出版社，1989 年 9 月北京第 1 版，2008 年 4 月第 2 次印刷。

3. 括号中标识了汪玢玲和辜美高二位学者统计中包含，而经过与原文核对之后有疑问，基本可以排除的篇目。

这 82 篇狐小说中，有情狐（以狐女为主）32 篇，学士狐、友狐

22篇，作祟狐、复仇狐 21 篇，其他 7 篇。在蒲松龄的笔下，狐女们大多是人间少有的"姝丽""佳人"。她们大多容貌倾城，妩媚可爱，温柔善良，有情有义，集中体现了蒲松龄的审美观念和婚恋理想，如娇娜、青凤、小翠、婴宁、红玉、鸦头、舜华……这些狐女一度成为当时某些士人思慕的对象。《聊斋志异·狐梦》就叙述了作者的好友毕怡庵"每读青凤传，心辄向往，恨不一遇"而在睡梦中邂逅狐狸精的故事。无独有偶，纪昀《阅微草堂笔记》也有一段类似的记载：

东昌有一书生，夜行郊外。忽见甲第甚宏壮，私念此某氏墓，安有是宅，殆狐魅所化欤？稔闻《聊斋志异》青凤、水仙诸事，冀有所遇，踯躅不前。

《聊斋志异》中还有相当一批外形俊秀、心地善良的狐男，如孝儿、皇甫公子、胡氏、胡四相公、马介甫、真生，以及几位无名氏狐师等，他们或风度翩翩、儒雅友善，或学富五车、幽默风趣，同样也是真善美的化身。也有一些以作祟为乐的狐狸精，不过他们中做恶作剧的成分居多，害人性命的极少。还有几篇人类侵犯和杀害了狐的整个家族而引起狐狸复仇的故事。

1.3.4　幻由人生

唐宋以后，文学作品中的狐意象所占的比例逐渐增加，在明清时期更是大量出现于笔记、小说作品中，像《夜谭随录》《阅微草堂笔记》《萤窗异草》《新齐谐》等笔记小说中都有大量狐意象出现。此时的狐意象形象丰满，性格鲜明，已相当世俗化，人情味颇浓。随着明清时期狐文学的繁盛，大批涉及狐意象的白话小说也纷纷涌现，如《封神演义》《百花野史》《昭阳趣史》《浓情快史》《欢喜浪史》《妖狐艳史》《三遂平妖传》《醒世姻缘传》《瑶华传》《金台全传》《蕉叶帕》《狐狸缘》等多达 20 余部。这些作品或是以狐统领全文如《昭阳趣史》《醒世姻缘传》《三遂平妖传》等，或是仅仅穿插了几个狐意象如《封神演义》《百花野史》等。虽然明清时期写狐的小说林林总总，热闹非凡，实则都是借狐写人，以狐事写人事，其中《聊斋志异》是写狐作品的代表。

狐狸精志怪文学的所有怪异可以归纳为原生性与次生性两种因子。原生性是以狐狸自然形态或习性为客观根据的，如：狐不能过河、狐尾出火、狐带香囊、狐以花草隐身变美女、狐不制衣、狐博学聪明等。次生性是从传统文化的某一内容而衍生附会的。如：狐戴人发、狐老无毛、狐未天明则整发结髻、狐戴髑髅拜北斗、狐采补人精、狐吸日月之精修炼、狐有媚珠可惑人、狐能守印、狐声如婴儿等。蒲松龄以传统文化所褒扬的人伦为准绳，对传统的狐狸志怪因素——审视而扬弃取舍，并有所创造，从而鹤立鸡群，卓绝不凡。①

《聊斋志异》狐小说的文化创新价值在于，完成了狐小说在文体学上独设大类的任务。它标志着狐小说在纷纭的怪异小说中独立出来，确立了它志怪小说重大题材的地位，使谈狐说鬼并驾齐驱，成为志怪小说的双脚之一。因为统计表明，大型类书《太平广记》所收一千多年的狐小说比《聊斋》还少 1 篇。②

从根本上来看，这种鲜明的文化创新价值来源于作者小说观念的飞跃以及作品中流露的强烈的情感和深切的寄托。蒲松龄不像干宝那样立志"发明神道之不诬"认为狐真的可以得道成仙、化人化鬼、为善为恶、左右芸芸众生，也不是仅仅满足于搜奇集异，讲述一个个缥缈神秘的狐辈故事，供人消愁解颐，而是明知狐仙之必无，故信狐辈之必有，并赋予它人类的灵魂和超人的功能，出入人世，来去自由。

---

① 刘瑞明．蒲松龄对志怪狐狸精的扬弃［J］．励耘学刊（文学卷），2010（01）：77-89.

② 姚玉光，卫朝晖．论《聊斋》狐小说的文化创新价值［J］．蒲松龄研究，2004（01）：8-13.

这样，在蒲松龄构建的狐世界里，狐便成为一种象征，一种寄托，一种由作者任意驱遣的灵物。作者让不同类别的人以狐的形式袒露人的思想、感情、追求、理想和生存方式。《聊斋自志》及"异史氏曰"中记录了蒲松龄的真情实感。在《聊斋自志》里，蒲松龄总述了《聊斋志异》的创作过程和创作特点。"异史氏曰"则是蒲松龄对《聊斋志异》故事情节的自我评论和换位审视，有的就事论事，表明事物之奇特；有的推己及人，表明事理之普遍；有的抒发阅读感受，表达"哀哉""惜哉""可惧也"等情感反应；有的借题发挥，把"异史氏曰"敷衍为一篇长文；等等。此时的蒲松龄兼有双重身份，既是小说的创作者，又是小说的评论者，因而，"异史氏曰"也就成为"窥视蒲松龄心灵的窗口"。[①]雷群明在他的《聊斋艺术通论》中总结了"异史氏曰"的五种功能：一是"解剖刀"作用，通过对作品的分析解剖，增加了作品的深度；二是向导作用，可以引导读者透过作品中故布的迷雾或多向的主题，明确地抓住命意所在或中心思想；三是桥梁作用，把读者由此岸送达彼岸，让他们看到更广阔的世界；四是镜子作用，通过它可以直接看到作者的真实思想；五是足迹作用，为我们提供研究作品的写作时间、地点、背景等线索。[②]

有研究者把《聊斋志异》与《阅微草堂笔记》和《醒世姻缘传》中的狐精形象进行简单的对比，分析了《聊斋志异》在写狐方面的独特之处。[③]

首先《聊斋志异》与《醒世姻缘传》的不同。同样是写害人的狐，《醒世姻缘传》中的狐意象都是害人的，仙狐魅惑青年男性寻求采补，妖狐假托鬼神寻求供养且霸人妻子，人狐（薛素姐）凶悍忤逆且几次

---

① 付岩志.《聊斋志异》诠释史论 [D]. 山东大学，2007:39.

② 雷群明. 聊斋艺术通论 [M]. 上海：三联书店，1990:197-204 .

③ 马月敏.《醒世姻缘传》中的狐意象研究 [D]. 济南大学，2012.

欲杀害丈夫（狄希陈），在这三个狐意象面前人类是无辜的被害者，体现了作者对狐的厌恶与排斥。而《聊斋志异》中写狐害人的篇目不多且为害程度也不深：一方面写狐作祟多半是为了惩戒人类，如《董生》写狐色诱董生和王生，董、王二人均未经得住诱惑而致前者元气耗尽而亡，虽是写狐惑人实则批评男子见色而动；《雨钱》和《沂水秀才》实则是嘲讽人类的贪婪；《武孝廉》和《狐惩淫》实则是惩治人类的忘恩负义和淫荡不端。另一方面写狐扰人、害人多是为了突出人类的机智和勇敢，如《狐入瓶》写万村石氏之妇在受到狐惑后，细心观察、镇定自若，把狐困在瓶子里并用沸水将其煮死；《贾儿》写贾儿的母亲被狐所祟，贾儿暗地查访终于找到狐的住处、发现狐的习性，利用计谋把狐毒死最终使母亲摆脱狐扰，突出了贾儿的胆大心细和勇敢机智的性格特点。

其次，同样是写人性狐，《醒世姻缘传》中的狐意象突显的是人性的自私、凶恶和狭隘，而《聊斋志异》中的狐意象突显的是人性的真善美。《醒世姻缘传》中的薛素姐是以一个完全的人的形象出现的，只是带着淡淡的狐影，但她身上突显的是人性的恶。她把丈夫打得遍体鳞伤，还经常打骂、诅咒兄弟，诬陷、恶骂小叔、小姑，先后气死婆婆、父亲和公公。在她身上体现的是赤裸裸的人性恶，是残暴、自私、狭隘，是人性中最丑恶的部分。《聊斋志异》中的狐女大多是高度人格化的，充分具有人的情感和美好的品德，使读者切实感受到她们并非妖异，而是一个个有血有肉、感情丰富细腻的人。如纯真、娇憨的婴宁，看似痴傻实则对鬼母十分孝顺，对下人也非常宽厚，对王子服更是用情至深（《婴宁》）；青凤既感耿生的知遇之情和救命之恩，又不忘叔父的养育之德（《青凤》）；娇娜见孔生为救自己而死，哭喊不愿独存，得知丈夫吴郎一家俱殁之后又大哭不止（《娇娜》）；舜华在张生提出回家看望三年未见的妻子时虽有不乐，但仍送张生返乡与其妻子团聚（《张鸿渐》）。这些狐女都是深明大义且善良、贤惠的，她们的情感追求和行事风格都突显了人性的美。

另外，《醒世姻缘传》中的狐意象是人间的恶魔，而《聊斋志异》中的狐意象却是以近乎完美的救世者形象出现的。有人认为："一个幸福的人绝不会幻想，只有一个愿望未满足的人才会……每一次幻想就是一个愿望的履行，它与使人不能感到满足的现实有关联。"[①]《醒世姻缘传》中的狐或是魅惑男性以求采补，或是假借鬼魂寻求供养，或是对男性百般折磨，它们是堕落人间的恶魔。像妖狐善变性淫，冒充汪为露的鬼魂屡屡作祟，霸人妻子不许她与丈夫接触，否则就会大施凌虐，且骗人钱财寻求供养；狐仙姑被晁大舍射死后并不只是让晁大舍偿命了事，而是后世托生为薛素姐对晁大舍托生的狄希陈进行百般的凌辱，既凶悍善妒又恶意败家，且终身无嗣。总之，《醒世姻缘传》中的狐多是恶魔、祸水，给人类的生命财产安全带来极大的威胁。而《聊斋志异》中的狐是救世主的象征，是蒲松龄愿望的寄托，在他的笔下，狐女们成为落魄书生的救星，她们不仅为男主人公带来财富，有的还能帮男主人公进入仕途，她们的形象几乎完全符合男性的理想。《聊斋志异》中的狐不会魅惑人类采补阴阳，不会寄生于人类，她们给人类带来的是生命的安定、财物的富足以及精神的满足。如《娇娜》中，与孔生交往密切的三个狐意象：皇甫公子是孔生的朋友，他提供了许多孔生未曾见过的图书，丰富了孔生的学识，并遵其为师，维护了他的尊严实现了他的价值；娇娜是孔生的救命恩人，两次用内丹"红丸"使孔生摆脱性命之忧，为孔生提供了生命的安定，同时又满足了孔生精神层面对异性的需求；松娘是孔生的妻子，她"事姑孝；艳色贤名，声闻遐迩"，与孔生育有一子，为孔生提供的是家庭的和谐与

---

① 程正民. 文艺心理学新编（G）. 北京：北京师范大学出版社，2011. 76.

后代的延续。

再看《阅微草堂笔记》，其中的狐多是传统道德和儒家礼教的监督维护者和执行者，纪昀借助狐意象来抒发自己对于文人命运的感慨以及对整饬社会秩序、呼唤传统道德和儒家礼教回归的愿望。在《阅微草堂笔记》中，纪昀为我们构建了一个秩序、规范的狐世界，其塑造的狐意象多是社会公平正义的维护者。如：《姑妄听之》中有一则写一太学生的妻党霸占其家财被狐所惩的故事，狐看不惯人世间的邪恶便用各种手段惩治作恶之人，具有深刻的社会意义；《滦阳续录》记述了前明高士董天士和其狐妾的故事，故事中董天士和狐妾相敬如宾，没有肉体的交合，以道德理性来约束情感的泛滥，矫正了文人对狐色欲的幻想；《如是我闻》卷四中有一篇很长的文章写到狐，文章以狐和人的问答让人了解到了狐世界的种种——狐世界也不是完全自由的，有赏罚条令，提倡儒家之道，排斥佛教的因果报应和轮回之道。

《醒世姻缘传》中的狐意象是作者劝诫世人的工具，为了警醒世人弃恶从善，借因果报应以狐精的前生今世之复仇来展开故事。作者把人性中最丑陋的部分附会在狐的身上，塑造了得道善蛊的仙狐、假借鬼神的妖狐和凶悍忤逆的人狐三个恶狐形象，来揭露丑恶的社会现实以抒发自己重整世风的渴望。《阅微草堂笔记》中的狐意象是纪昀希望整饬现有社会秩序的载体，他深居宫廷，周旋官场，对当时官场和社会中的丑恶有着清醒的认识，为了揭露这些弊端，他便塑造出知书达理、匡扶正义的狐形象，这些狐聪明伶俐、幽默风趣，给人留下深刻的印象。《聊斋志异》中的狐意象是蒲松龄的理想寄托，他一生屡试不中，为了抒发自己心中的苦闷，他便塑造出美丽多情、性格可爱的狐女形象，他对狐是极为喜爱的，如他甚至称呼婴宁是"我婴宁"，仿佛婴宁是他最钟爱的小女儿。

关于《聊斋志异》的创作心态，目前学术界主要有以下三类观点：第一类是"孤愤说"。"孤愤"一词最早出现在 1679 年《聊斋自志》中："集腋成裘，妄续幽冥之录；浮白载笔，仅成孤愤之书。寄托如此，亦足悲矣！"因此寄托"孤愤"被视为理解蒲松龄创作心态的关键词，受到许多学者的关注。较早提出《聊斋志异》创作心态"孤愤说"的看法的是清代的余集，他在蒲松龄去世几十年后为《聊斋志异》做的序文中说："按县志称先生少负异才，以气节自矜，落落不偶，卒困于经生以终。平生奇气，无所宣泄，悉寄之于书。故所载多涉诚诡荒忽不经之事，至于惊世骇俗，而卒不顾。嗟夫！世固有服声被色，俨然人类；叩其所藏，有鬼域之不足比，而豺虎之难与方者。下堂见虿，出门触蜂，纷纷沓沓，莫可穷诘。惜无禹鼎铸其情状，镯镂决其阴霾，不得已而设想于杳冥荒怪之域，以为异类有情，或者尚堪晤对；鬼谋虽远，庶其警彼贪淫。呜呼！先生之志荒，而先生之心苦矣！"① 可见，余集对蒲松龄苦心创作以寄托"孤愤"的心态是有很深的理解和感受的。

也有人持与孤愤说相反的态度，认为《聊斋志异》的主要创作心态不是"孤愤"，而是另有其他。与蒲松龄同时代的高珩在给《聊斋志异》的序言中说："则谓异之为义，即易之冒道，无不可也……吾愿读书之士，揽此奇文，须深慧业，眼光如电，墙壁皆通，能知作者之意，并能知圣人或雅言、或罕言、或不语之故，则六经之义，三才之统，诸圣之衡，一一贯之。异而同者，忘其异焉可矣。"表示他认为蒲氏是带着宣扬儒家思想教义的心态进行创作。唐梦赉序言中认为蒲氏是本着赏善罚淫、劝惩世风民俗的心态在创作，他说："今观留仙所著，其

---

① 蒲松龄著，张友鹤辑校.《聊斋志异》会校会注会评本 [M]. 上海：上海古籍出版社，2011：36，1-2，5.

论断大义，皆本于赏善罚淫与安义命之旨，足以开物而成务，正如杨云《法言》，桓谭谓其必传矣。"

　　第三类观点是在研读文本以及引入新的批评理论等基础上提出某些新的见解。比如近年来杨玉军等 ① 分别从作品的名称，从蒲氏《聊斋自志》中"幽冥之录""自鸣天籁，不择好音，有由然矣。松落落秋萤之火，魑魅争光；逐逐野马之尘，魍魉见笑。才非干宝，雅爱搜神；情类黄州，喜人谈鬼……"等语句推断蒲氏最初的创作动机只是为满足志怪的爱好，认为如果没有浓厚的兴趣作支撑是很难完成这一项艰苦的工作的。朱振武 ② 从社会心理学和文艺心理学出发，认为仅仅用"孤愤"来诠释蒲松龄的创作心理是不够的，在长期的创作过程中还有自娱和娱人的心态，这不仅是作者创作的出发点，也是他经常保持的一种心态，还有蒲松龄作为封建时代知识分子所具有的道义良知使他产生愤慨不平的心态，另外朱先生还认为蒲氏的创作也被他的欲说不便欲罢不能的潜在难言的心态左右。

　　蒲松龄在《聊斋志异》创作的每个阶段，以至于创作每一篇作品时，因为故事的来源、具体的处境和创作的目的不同，创作的心态和感受可能都会有所差异。为了更准确更全面地把握作品的创作心态，应从蒲松龄的生平经历和当时的社会环境入手进行研究。我们认为，《聊斋志异》创作的心态既有个体的怨愤不平和孤寂无助，又有作为传统儒家知识分子托物言志宣扬儒家思想教义，以及排遣书斋寂寞、自娱娱人的娱乐意图。蒲松龄在《聊斋自志》中提到了"孤愤之书"，据此能够推定"孤寂无助"和"怨愤不平"作为蒲松龄创作的心态之一是长期存在的。但是，作为一个从未放弃科举梦想的传统知识分子，

---

① 杨玉军.论《聊斋志异》的创作动机兼议"孤愤说"[J].蒲松龄研究,2002(03):27-33.

② 朱振武.《聊斋志异》的创作心理论略[J].文学评论,2001(03):79-88.

"修身齐家治国平天下"的政治理想也早已融入其长达 40 年的文学创作过程中，这体现在《聊斋志异》中大量反映社会现实的作品。只是当现实过于残酷，理想便只能借助曲笔即幻想中的狐鬼故事来实现，狐鬼花妖照应的是现实人间的另一面。蒲松龄在南游期间曾说"新闻总入鬼狐史，斗酒难消块垒愁"，把所见所闻写成"鬼狐史"，但不是单纯的鬼狐故事，而是以鬼狐写人生，寄托忧国忧民之愁，是屈原、司马迁那样上下求索、报国无门的愁，即所谓幻由人生。①

---

① 马瑞芳. 狐鬼与人间——解读《聊斋志异》[M]. 北京：当代中国出版社，2007:17.

第2章

分析心理学：原型与阴影

"涤除玄览，能无疵乎？"

——《道德经》第十章

分析心理学是 20 世纪早期瑞士著名的心理学家卡尔·古斯塔夫·荣格(Carl Gustav Jung，1875—1961) 与精神分析创始人西格蒙德·弗洛伊德（Sigmund Freud，1856—1939）决裂后创立的一门探究人类心灵原始意象的深度心理学。

荣格在弗洛伊德对人类无意识的发现的基础上，根据自己亲身体验以及对临床病人的大量观察和各民族宗教神话的广泛研究，提出了一套颇具说服力的人类心灵深层结构的理论。1912 年，荣格发表《力比多的转化和象征》，此书后来改编为《转化的象征》（Symbols of Transformation）。荣格在书中认为，力比多是一个具有更广泛含义的概念，它指的是一般的心理能量，性欲只是其中的一部分。[①] 同时，他首次将"精神分析"这个术语改变成"分析心理"，从此他明确地使用自己的学说，同弗洛伊德的学说和另外一位同弗洛伊德分手的精神分析学家阿德勒（1870—1937）的个体心理学区别开来，这就是分析心理学。

荣格认为人的心灵结构包含有意识的自我（ego）和无意识两大部分。有意识的自我是有记忆且有连续性的。但荣格认为自我只是整体心灵（psyche）的一小部分，无意识才更具影响力。梦是无意识对自我所开的窗子。整合自己无意识的特性会自然地发生而发展个人的自

---

① 杨韶刚. 神秘的荣格 [M]. 南昌：江西人民出版社，2017:015.

性（self），这个过程叫作自性化（individuation）。如果一个人有意识的自我与无意识的部分相互矛盾无法整合，则会产生精神病的症状，如恐惧症、恋物癖或忧郁症。须经由分析去了解与认识未知的无意识中的特性，常用的方法有分析梦或是对艺术品或诗的反应。

荣格认为无意识又分为个人无意识和集体无意识。个人无意识包括来自个人经验的种种情结，而集体无意识则包括人类整体历经千百年累积并世世代代遗传下来的无意识宝贝——原型。其证据是荣格在世界各地所收集的人类共同的象征。他考察不同民族的宗教、神话、传说、童话与寓言，从而得到人类共有的原型，而原型通过意象的象征意义表达出来，其内容涵盖人类所面临的许多基本问题，如生命、死亡、意义、快乐、恐惧等。荣格还提出，人的心理是终身发展的，其中中年期的心理危机是人生发展的一个重要阶段。

1948 年，荣格还在世时，荣格研究院在荣格的老家——瑞士的库斯纳赫特建立，1955 年成立了国际分析心理学会（International Association of Applied Psychology，简称 IAAP）。荣格去世后，根据理论和临床方法的不同，分析心理学形成了三个流派[①]：

1. 经典学派

经典学派在其理论取向上强调自性的意义，在临床方法上首先重视自性及其象征，其次是原型意象分析，最后是移情与反移情。代表人物是约瑟夫·汉德森（Joseph Henderson）和琼·辛格（June Singer），前者的代表作有《古代神话与现代人》《阴影与自性》等，后者所著《心灵的边界》则是最具影响力的荣格分析心理学专著之一。

2. 原型学派

顾名思义，该学派在理论方面非常强调原型的意义与作用。在三

---

① 申荷永. 荣格与分析心理学 [M]. 北京：中国人民大学出版社，2012:181-185.

种临床方法的使用上，首先重视原型意象及其分析，其次是自性及其象征，最后是移情与反移情。代表人物是詹姆斯·赫尔曼（James Hillman），代表作品是《重塑心理学》《原型心理学》《心灵的密码》等。

3. 发展学派

发展学派强调人格发展的意义，临床上首先重视移情与反移情，其次是自性及其象征，最后是原型意象分析。迈克尔·弗德汉姆（Michael Fordham）是该学派的代表，他的主要著作包括《儿童的生活》《作为个体的儿童》《荣格心理学导论》《荣格心理治疗》等。

2.1 集体无意识

集体无意识（collective unconscious）是荣格提出的一个与弗洛伊德个人无意识（personal unconscious）相对应的概念，指由遗传保留的无数同类型经验在心理最深层积淀的人类普遍性精神。它由不被我们意识到，却常常在不知不觉中影响到我们的各种本能和原型组成。

弗洛伊德提出无意识属于人的心理结构中更深的层次，是最真实最本质的部分。荣格继承了他的学说，并对其无意识的构成内容做了全新的修改。在 1922 年《论分析心理学与诗的关系》中，荣格认为人的无意识有个体的和非个体（或超个体）两个层面。前者只到达婴儿最早记忆的程度，是由冲动、愿望、模糊的知觉以及经验组成的无意识；后者则包括婴儿实际开始以前的全部时间，即包括祖先生命的残留，它的内容能在一切人的心中找到，带有普遍性。对此，他也有一个形象的比喻："高出水面的一些小岛代表一些人的个体意识的觉醒部分；由于潮汐运动才露出来的水面下的陆地部分代表个体的个人无意识，所有的岛最终以为基地的海床就是集体无意识。"简单地说，集体无意识就是一种代代相传的无数同类经验在某一种族全体成员心理上的沉淀物，而之所以能代代相传，正因为有着相应的社会结构作为这种集体无意识的支柱。

荣格说，集体无意识的假说属于这样一种概念，即人们起初会觉得它陌生，但很快便会把它作为熟悉的概念加以掌握和使用。就一般的无意识概念而言，这已然是事实。……毋庸置疑，无意识的表层或多或少是个人性的，我称之为个人无意识。但是个人无意识有赖于更深的一个层次：这个层次既非源自个人经验，也非个人后天习得，而是与生俱来的。我把这个更深的层次称为集体无意识。我之所以选择"集体"这一术语，是因为这部分无意识并非是个人的，而是普世性的；不同于个人心理的是，其内容与行为模式在所有地方与所有个体身上大体相同。换言之，它在所有人身上别无二致，并因此构成具有超个人性的共同心理基础，普遍存在于我们大家身上。……唯有借能够意识到的内容在场，心理的存在方可辨识。因此，唯有基于我们得以证明无意识内容的程度，我们才能言说无意识。个人无意识的内容主要为人们所谓的带感情色彩的情结（feeling-toned complexes），它们构成心理生活中的个人及私人面向。另一方面，集体无意识的内容众所周知是原型（archetype）。[①]

集体无意识是精神的一部分，这部分精神可以通过如下事实将其从否定层面与个人无意识相区隔，即它并非一如后者，将自己的存在归结为个人经验，因此并非是一种个人习得。虽然从本质上讲，构成

---

① 荣格 . 原型与集体无意识（荣格文集第五卷）. [M]. 徐德林，译 . 北京：国际文化出版公司，2011:1, 36.

个人无意识的内容有时属于意识，但是它们已然因为被遗忘或者被压抑而从意识中消失；集体无意识的内容从未存在于意识之中，因此从未为个人所习得，而是将其存在完全归结为遗传。

总之，集体无意识（collective unconscious）既是荣格对弗洛伊德个人无意识的发展，也是他自己的一种创造。荣格用它来表示人类心灵中所包含的共同的精神的遗传，注入我们每个人的内心深处。①

2.2　原型

荣格认为个人无意识的绝大部分由"情结"（complex）组成，而集体无意识则主要由"本能"（instinct）和"原型"（archetype）组成。他把本能视为受无意识决定的生理内驱力，而把原型视为受无意识决定的心理内驱力。他说："原型是人类原始经验的集结，它们像命运一样伴随着我们每一个人，其影响可以在我们每个人的生活中被感觉到。"荣格整个后半生几乎都在致力于集体无意识原型的研究，他识别和描述过众多的原型，如上帝原型、魔鬼原型、出生原型、死亡原型、英雄原型、儿童原型和大地母亲原型等。

集体无意识的原型构成了个体精神世界最核心的内容，它似乎永远不会为意识所察觉，但一旦它受到情景中特定因素的激发而变得活跃起来，便会引起个人独特的情感体验，仿佛有人拨动了我们很久以来未曾被人拨动过的心弦，"一旦原型情景发生，我们会突然获得一种不寻常的轻松感，仿佛被一种强大的力量运载或超度。在这一瞬间，

①　申荷永.荣格与分析心理学［M］.北京：中国人民大学出版社，2012：44.

我们不再是个人，而是整个族类，全人类的声音一起在我们心中回响。对艺术家而言，这种体验正是他所谓创造'灵感'迸发的时刻"。

原型具有两项基本的特征，即无限共时性和恒久历时性。在纵向的历时性层面，"原型"可以一直追溯到世界本原、人性本原和艺术本原；从横向的共时性层面来说，"原型"可以跨越所有认识领域、学科范畴、批评流派，达成最广泛的交融互渗和对话沟通。正因如此，"原型"成为神学家所强调的人身上的上帝形象，柏拉图等哲学家所强调的世界本原，荣格强调的人类精神的家园和弗莱所强调的一切文学现象的最初程序。"原型"也由此成为人类文明和文化的一个重要基因，成为建构原型批评的基石。

荣格认为，集体无意识是通过某种形式的继承或进化而来，是由原型这种先存的形式所构成。原型赋予某些心理内容以其独特的形式。同时，他还提出，主要是由原型所构成的集体无意识，具有一种与所有的地方和所有的个人皆符合的大体相似的内容和行为方式。由于集体无意识具有这样一种普遍的表现方式，因此它就组成了一种超个人的心理基础，普遍地存在于我们每个人身上，并且会在意识以及无意识的层次上，影响我们每个人的心理与行为。在这种原型心理学的意义上，荣格认为，历史中所有重要的观念，不管是宗教的，还是科学的、哲学的或伦理的观念，都必然能够回溯到一种或几种原型。这些观念的现代形式，只是其原型观念的不同表现，是人们有意识或无意识地把原型观念应用到了生活现实的结果。[①]

荣格用原型意象（Archetypal images）来描述原型将自身呈现给意识的形式。但是荣格也一直努力区分原型与原型意象的不同。原型本身是无意识的，我们的意识无从认识它；但是可以通过原型意象，

---

① 申荷永 . 荣格与分析心理学 [M]. 北京：中国人民大学出版社，2012：56.

来理解原型的存在及其意义。于是，我们可以把原型意象看作原型的象征性表现。通过其表现以及表现的象征，我们就可以认识原型。比如，出生、结婚、死亡与分离，等等，在其象征的意义上来说，都再现着某种原型的存在。荣格曾根据自己的分析与体验，以及自己的临床观察与验证，提出了阿尼玛、阿尼姆斯、智慧老人、内在儿童、阴影和自性等诸多分析心理学意义上的原型意象。这些原型意象存在于我们每个人的内心深处，在意识以及无意识的水平上影响着我们每个人的心理与行为。

荣格学者和原型批评家也从不同的角度对原型进行分类，他们把原型内容分为以下几种[①]：

① 原型事件，如出生、死亡、分离、婚姻、成年仪式、对立双方的结合等。

② 原型主题，如启示录、洪水、创世、黑夜、旅程等。

③ 原型人物，如母亲、父亲、孩子、上帝、魔鬼、英雄、智者等。

④ 原型意象，如太阳、月亮、水、曼陀罗、十字架、鱼、马、蛇等。

2.2.1　原型理论的起源

"原型"，英文是 archetype，由 arche-（原初）和 type（形式、模式）组成。从词源上看，"arche-"这一词头有"最初""起始"的意思。它既可以是一个具体的事物，也可以是一个抽象的起因。因此，archetype 直译就是"最初的模式"，而且在希腊语中，它本就是指印刷用的模子或人工制品的最初形式。又因为 arche- 具有具体和抽

---

① Renos K. Papadopoulos. (2006). The Handbook of Jungian Psychology. New York: Routledge. 84.

象两层意思，所以"原型"这个词也可以从具体和抽象两个方面解释。
J.A. 卡登（J.A.Cuddon）在其所编的《文学术语词典》中就对原型做
了两方面的解释。他认为，一方面，原型可以被看作用来复制的模特
（model）；另一方面指原型的抽象方面，可与"范式"（paradigm）
互释，比如生与爱、复仇与赎罪等。文学原型研究中一般用第二个意
义。①

　　在西方传统中，原型作为一个重要概念被广泛应用于宗教、神学
以及哲学等领域中。在西方古典神学、宗教领域中，"原型""上帝
形象"等被当成人类物质世界的精神本源。一些古典神学家、宗教学
者认为，在人类的物质世界产生以前，作为本源的精神世界已经预先
存在了，物质世界就是依照那个精神世界的形式即"原型"演化而来
的。因此，物质世界是精神世界的影子，精神世界是物质世界的"本
体""本源"或"原型""原始模型"。在这种思想影响下，"原型"概
念被广泛运用。

　　"原型"一词并非荣格独创，而是一种沿用，是受其他学科领域原
型思想的启发而产生的。具体说来，荣格的原型学说受到西方哲学和
宗教传统中原型思想的启示，同时也受到东西方现代人文科学研究成
果的很大启发。荣格在《集体无意识的原型》一文中谈及原型时说：
"原型"这一术语早在斐洛·犹大乌斯时代便出现了，意指人身上的上
帝形象。它也见诸伊里奈乌的著作之中，比如伊里奈乌曾讲道："世界
的创造主并非按照自身塑造了这些东西，而是按照自身以外的原型复
制了它们。"在《赫姆提卡文集》中，上帝被称作"原型之光"，该术
语多次出现在古希腊雅典最高法官狄奥尼修的著作之中。……"原型"
是对柏拉图理念的解释性释义。该术语不仅切合而且有益于我们的目

---

① 夏秀. 原型理论与文学活动 [D]. 山东师范大学,2007:1.

的，因为它告诉我们，就集体无意识的内容而言，我们是在处理古代或者——也许——原始形态，换言之，在处理远古时代已降业已存在的普世形象。列维－布留尔用于表示原始世界中的象征形象的术语"集体表象"，可以十分容易地用于意指无意识内容，因为它实际上意指同一事物。①

荣格所使用的原型概念，就其西方思想的起源来说，在柏拉图所论述的"形式"中，已经表现出了这种原型观念的痕迹。列维－布留尔在其《原始思维》中使用"集体表象"时，更是接近了荣格所描述的作为集体无意识的心理原型。根据列维－布留尔的描述，"集体表象"在某一集体（该集体可以是一种文化，或一个民族）中世代相传和继承，并且在该集体的每个成员身上都会留下深刻的烙印；同时，根据不同的情况或作用方式，"集体表象"还能够引起该集体中每个成员对有关的表象和象征物产生尊敬、恐惧、崇拜等感情。实际上，斯宾格勒在其著作《西方的没落》中，也提出并使用了类似的观念。他用其生命图像，向历史和文化注入了一种心理化的自我和人格的色彩，并且认为，每一种文化都有其独特的观念，有其生活的愿望和情感，并且也都会有其象征性的表现和表现方式。某一文化中独特观念的象征性图像，便具有一种心理原型的意义和作用，因为这种图像在该文化的历史中反复出现，对该文化中的所有成员都会产生思想与观念上的影响。②

荣格曾一再强调，原型从其本质上说完全属于无意识的存在，我们是无从认识它本身的；但是原型可以通过原型意象来表现其无意识的意义。老子说："道可道非常道"，"道之为物，惟恍惟惚。惚兮恍

---

① 荣格．原型与集体无意识（荣格文集第五卷）[M]．徐德林，译．北京：国际文化出版公司，2011：6．

② 申荷永．荣格与分析心理学 [M]．北京：中国人民大学出版社，2012：56，59．

兮，其中有象；恍兮惚兮，其中有物。窈兮冥兮，其中有精；其精甚真，其中有信。""自今及古，其名不去，以阅众甫。吾何以知众甫之状哉？以此。"荣格试图通过原型这一概念来描述人类心灵深处的某种事实，那么，对于这种存在的事实，以老子的智慧，他早已有所洞察，并进行了上述的阐释。

2.2.2 原型理论的阐释

关于原型理论的阐释，诺伊曼在其名著《大母神：原型分析》中谈道："为了解释分析心理学所说的原型（archetype），必须区分其情感 – 动力成分，其象征系统、物质成分及其结构。"[①] 因此，我们可以从情感 – 动力成分、呈现 – 象征系统、遗传 – 流传机制等三个层面理解荣格的原型理论。[②]

第一，原型的动力之源——情感

荣格视野中的原型是有着自主精神的原型，它的呈现与表达亦有着自身的动力系统，该系统的核心就是"情感"。荣格认为，情感是一种意识功能，是判断客观事物，确定该事物是否值得接受，以及确定其重要程度的一种功能。情感在原型的发展、流传中起着十分重要的作用。

第二，原型的呈现方式——象征

原型的呈现方式也是荣格系统阐述中的一个重要问题。在荣格看来，象征是在心灵内部统一相互对立的心灵组件并使之一体化的自然尝试，它是人的精神的对应物，是原型的外在表象，原型只有通过象

---

① 埃利希·诺伊曼. 深度心理学与新道德 [M]. 高宪田，黄水乞，译. 北京：东方出版社，1998:1.

② 崔诚亮. 荣格原型思想的三维审视 [J]. 齐齐哈尔大学学报（哲学社会科学版），2012(02):52-54.

征才能表现自身。这是因为，原型深深隐藏在集体无意识中，对于人们来说是未知的，也是不可知的，但它始终影响和指导着人的意识和行为。我们只有借助对象征、梦幻、神话、艺术等的分析和解释，才能或多或少地认识原型，进而了解集体无意识。

荣格认为，象征是一种推动和促进心理发展的力量，他把这种力量称为象征的"超验功能"，它能帮助人们探察潜意识心灵的奥妙，能够预测个人未来的心理发展轨迹，所以象征也是推动人们心理发展的一种动机和力量。荣格特别看重文化象征所具有的意义和价值。他认为"这些象征能够唤起一种深刻的情绪反应"，"是我们心理结构的重要组成部分，是建设人类社会的有生力量，消灭这些象征，必将给人类带来严重的损失"。

第三，原型的流传机制——遗传

原型的流传机制一直是荣格原型理论中颇受争议的部分。荣格认为，原型是人类祖先遗传给我们的精神遗存，集体无意识不能被认为是一种自在的实体，它仅仅是一种潜能，这种潜能以特殊形式的记忆表象，从原始时代传递给我们。或者以大脑的解剖学上的结构遗传给我们。"它（集体无意识）不是从个人那里发展而来，而是通过继承与遗传而来，是由原型这种先存的形式所构成的。"荣格为了说明原型是先天就具有的一种先验的心灵结构，把它和后天的经验区别开来，他强调了原型的传承是通过遗传而获得的。不过，荣格并没有仔细地探讨原型遗传的物质基础或生物机制，而只是通过模拟得出这一结论。

在对荣格原型理论的研究中，霍尔对原型的流传机制做过这样的推测："用来解释身体进化过程的观点，同样可以用来解释集体无意识的进化过程。由于大脑是心灵的主要器官，因此，集体无意识的进化直接依赖于大脑的进化。……人生来就具有种种用于思维、情感、知觉和行为的具体方式的先天性向，这种种性向或者潜在意象的发展和显现完完全全取决于个体的生活经历。"①

霍尔的这个看法对于理解原型的遗传具有一定的启发意义。但是，在当前，从根本上解决这个问题的科学背景还不具备，无论是当代心理学，还是人类学，都尚未提供足以说明这个问题的成果和材料。然而，荣格的这一假设事实上已触及了整个原型理论是否具有科学性的关键问题。荣格为了强调原型与人类祖先精神的联系，提出原型是人类祖先遗留给我们的精神遗存；为了解释这种心灵现象是先天的而不是后天的，把人的心理现象与生理遗传联系起来，实际上提出了人的精神可以遗传的观点，这样，就使原型理论蒙上了神秘的色彩。

从哲学的视角透视荣格的原型理论，我们可以发现，荣格提出了作为意识本质的集体无意识或原型是一种客观真实的精神性存在，这一观点能够从根本上维护人类的精神价值，极大地拓展了人类精神世界的范围和深度，有利于克服心理学研究中的机械决定论和过分的理性主义。正是因为以哲学为研究的起点，原型理论才成为一种独特的心理学理论，对心理治疗和其他人文社会科学都具有重要的影响和启发。

在心理治疗的研究和实践过程中，荣格注意到无意识有一种人格化的倾向，从而将原型看作一个个的实体——原型意象。因此，我们可以根据一种广为接受的研究方法，在一个计划或等级结构中呈现各种原型意象。而这些意象存在于我们每个人的内心深处，在意识以及无意识的水平上影响着我们每个人的心理和行为。荣格最为重视的原型意象主要有：人格面具、阴影、阿尼玛、阿尼姆斯、大母神、智慧老人、自性等。不同的原型意象对人格有不同的影响，其发展水平也

各不相同，下面我们着重谈谈其中的几种。

1. 人格面具和阴影

人格面具（persona），这个词来源于希腊文，本义是指使演员在一出剧中扮演某个特殊角色而戴的面具。荣格将其引入分析心理学中，也称其为从众求同原型（conformity archetype），它是指人公开显露的精神表层，是在公共场合中表现出来的人格方面，其目的在于表现一种对自己有利的良好形象以便得到社会的认可。人格面具是多种多样的，每个人在不同的情境下，表现出来的人格方面是不同的。每一种人格面具都是对特定环境和一系列条件的相应反应，也必须和人的身份地位相一致。人格面具是环境需要和自我需要之间妥协的产物，因此对每个人都具有特别重要的意义。然而，人格面具只是个人精神的一部分，一个人如果过分偏重人格面具，必然会牺牲人格结构中其他组成部分的发展。

人格面具位于人格系统的最外层，是个体在环境影响之下所造成的与人交往时的表象，掩饰着真正的我，可能与真正的人格不符，是个人向世人展示的外在表现，即可以观察到的个人行为。根据行为主义理论，在人格面具定义中，形成人格的目的就是使个人能被他们生活的社会接受，为了达到这一目的，就必须采用一些技巧，这些技巧使个人的外部行为朝着社会所期望的方向发展，而不产生"令人不快的副作用"，即不能产生为社会所不能接受的行为。人格面具的形成是普遍必要的，对现代人的生活来说更是重要的，其产生与教育背景有着非常密切的关系。它保证了我们能够与人，甚至是与那些我们并不喜欢的人和睦相处。为各种社会交际提供了多重可能性，人格面具是社会生活和公共生活的基础，人格面具的产生不仅仅是为了认识社会，更是为了寻求社会认同。也就是说，人格面具是以公众道德为标准的，以集体生活价值为基础的表面人格，具有符号性和趋同性。

在荣格眼中，人格面具在人格中的作用既可能是有利的，也可能是有害的。如果一个人过分地热衷和沉湎于自己扮演的角色，如果他把自己仅仅认同于自己扮演的角色，人格的其他方面就会受到排斥。像这样受人格面具支配的人就会逐渐与自己的天性相疏远而生活在一种紧张的状态中。因为在他过分发达的人格面具和极不发达的人格其他部分之间，存在着尖锐的对立和冲突。"从分析心理学的意义上来说，人格面具（persona）实际上也就是我们所说的'我'，我们所表现给别人看到的我们自己。'persona'一词源于演员所戴的面具，用来表示他所扮演的角色，以及与他人的不同；但是，所扮演的角色并非真正意义上的演员本人，或者说，我们的人格面具，并非就是我们真实本来的自己。"①

与人格面具相反的是阴影（shadow）。阴影是那些隐藏起来的、被压抑下去的东西，是人格中最黑暗、最深层的部分，比任何其他原型更多地容纳人的最基本的动物性。因为这种原型深深地根植于进化的历史之中，因此，它可能是一切原型之中能量最大的、最有潜在危险的原型。由于与经过筛选的有意识态度不能兼容，这种所有个人和集体心理因素总是无法在生活中表现出来，因而在无意识中凝聚为一些相对独立、与有意识态度保持相反倾向的"破碎人格"。

阴影是个性的有机部分，因此，它希望以某种形式与个性聚合一体。当阴影处于潜意识状态时，常常是尚未发生的、不成熟的，甚至是有破坏性的，而当它们被意识到并得到发展时，则可能是有价值的。因此荣格认为，阴影对整体是必要的，它能创造宝贵的财富，展现许多好的部分，例如正常的本能、适当的反应、现实的洞察力、创造性冲动，等等。阴影是本书论述的重点，将在后面专门探讨。

---

① 申荷永. 荣格与分析心理学 [M]. 北京：中国人民大学出版社，2012:56,68.

人格面具与阴影是相互对应的原型意象。我们倾向于掩藏我们的阴影，同时也倾向于修饰与装扮我们的人格面具。从心理分析的意义上来说，当我们把自己认同于某种美好的人格面具的时候，我们的阴影也就愈加阴暗。两者的不协调与冲突，将带来心理上的许多问题与障碍。

2. 阿尼玛和阿尼姆斯

荣格在分析人的集体无意识时，发现无论男女，于无意识中，都好像有另一个异性的性格潜藏在背后。即一个女人主要具有女性的意识和男性的无意识，而一个男人则主要具有男性的意识和女性的无意识。这就是造成外表上男性具有阳刚之气，女性具有阴柔之美，而在内心深处却又各具异性特征的心理原因。荣格把男人内在女性化的一面称为阿尼玛（anima），女人内在男性化的一面称为阿尼姆斯（animus）。

作为原型，阿尼玛是男性心目中的一个集体的女性形象。"阿尼玛是一个男子身上具有少量的女性特征或是女性基因。那是在男子身上既不呈现也不消失的东西，它始终存在于男子身上，起着使其女性化的作用。"荣格还说："在男人的无意识当中，通过遗传方式留存了女人的一个集体形象，借助于此，他得以体会到女性的本质。"即是说，阿尼玛是从嵌在男人身上有机体上的初源处而遗传得来的因素，是他的所有祖先对女性经历所留下的一种印痕或原型，是女人打下的全部印象的一种积淀。

关于阿尼玛，荣格在《原型与集体无意识》中多有论述："水妖是一种甚至更具本能特征的迷人女性，我称之为阿尼玛。她也可能是一个海妖、美人鱼、林中仙女、格蕾丝或者艾尔金的女儿，或者是一个女妖或者女淫妖；她使青年男子神魂颠倒，借机夺走他们的生命。""虽然我们的整个无意识精神生活似乎可以归结到阿尼玛；但是她仅仅是众多原型之一而已。因此，她并不代表整体的无意识。她只不过是无意识的面向之一而已。她的女性特质这一事实证明了这一点。非我、非男性之物极可能是女性；因为这个非我被感知为不属于我，因此外在于我，所以阿尼玛形象通常是被投射到女人身上。……少数的女性基因似乎形成了女性特质，这种特质因自己的从属地位而始终处于无意识层面。""如果遭遇阴影是个人发展过程中的'习作'，遭遇阿尼玛便是'杰作'。"①"但凡在有情绪及情感发挥作用的地方，阿尼玛就会是一个人的心理状态中最重要的因素。她加强、夸大、歪曲、神化一个人与自己的工作、与不同性别的他人的所有情感关系。作为结果的种种幻想与纠缠全是她之所为。在阿尼玛的高度群集时，她软化男人的性格，使之暴躁、易怒、情绪化、嫉妒、虚荣及不适。男人因此处于一种'不满意'的状态中，并把这种不满意传递给周围的人。有时候男人与发现其阿尼玛的女人的关系会说明这种综合征的存在。"[1]

　　在荣格的《〈太乙金华宗旨〉的分析心理学评述》中，论述"关于道的现象"的问题时，荣格特意谈到了阿尼玛和阿尼姆斯，他说："研究表明，男人的阿尼玛具有女性特点。这一心理现象造就了中文'魄'的意境和我们关于阿尼玛的概念。通过进一步的内省和忘我的体验，我们发现在潜意识中存在着一个阴性人物，她是隐形的所以使用阴性词命名，像阿尼玛、阴性心灵或灵魂。""女性中清醒的一面对应的是男性情绪化的一面，而不是他的心。心构成了'灵魂'，或者说女性的阿尼姆斯。正如男性的阿尼玛由低层次上的关联性组成，充满了各种情感，女性的阿尼姆斯则由低层次上的判断力组成，充满了各种各样的观点。女性的阿尼姆斯中有着先入为主的各种观念，所以在拟人化

---

　　①　荣格. 原型与集体无意识（荣格文集第五卷）[M]. 徐德林，译. 北京：国际文化出版公司，2011:22-26, 58.

过程中不大可能被一个人物全面覆盖，而是通常由一组或一群人物来象征。在较低的层面，阿尼姆斯是低级的理性，是一幅对具有明辨能力的男性心灵的讽刺画，而阿尼玛是对女性情欲的讽刺画。"①

阿尼玛是荣格用来形容男人内在的女性存在的原型意象。她既是男人内在的一种原型女性形象，也是男人对于女人的个人情结。当我们关注她的时候，她就会有成长与发展；当我们忽视她的时候，她就会通过投射等机制，来影响我们的心理与行为。因为男人内在的这种原型意象，既可以成为男人向上的促动者，也可以成为堕落的诱惑者。实际上，荣格曾把阿尼玛描述为一种灵魂形象，往往在男人的心情、反应、冲动以及任何自发的心理生活中扮演着特殊的角色，发挥某种既定的作用。男人总是倾向于在某个现实的女性对象那里，看到自己内在的阿尼玛和心灵的投影。任何带有无意识的心理内容，总是会在梦中出现的。阿尼玛也是这样。荣格曾经描述了阿尼玛发展的四个阶段，不同的阶段有着不同的形象：夏娃—海伦—玛丽亚—索菲亚。作为夏娃的阿尼玛，往往表现为男人的母亲情结；海伦则更多地表现为性爱对象；玛丽亚表现的是爱恋中的神性；索菲亚则像缪斯那样属于男人内在的创造源泉。②

阿尼姆斯作为原型指女性心目中的一个集体的男性形象。他也有着正反两面。如反面的阿尼姆斯在神话传说中扮演强盗和凶手，甚至还会以死神的面目出现。其正面能够代表事业心、勇气、真挚，从最高形式上讲，还有精神的深邃。女人通过他能够经历她文化和个人的客观局面的潜伏过程，还能找到她的道路，以达到关于生活的一种强化的精神态度。

---

① 卫礼贤，荣格．金花的秘密 [M]．邓小松，译．合肥：黄山书社，2011:57-58.

② 申荷永．荣格与分析心理学 [M]．北京：中国人民大学出版社，2012:60-61,64.

阿尼姆斯是与阿尼玛相对应的一个概念，象征着女人内在的男性成分。同阿尼玛一样，他既是原型的意象，也是女人的情结。被其阿尼姆斯占据的女人，则会失去女性的很多色彩。但是能够辨析与关注其阿尼姆斯存在的女性，则能够从这原型意象中获得积极的力量。同阿尼玛一样，荣格也曾描述女人内在的阿尼姆斯的发展阶段：赫尔克里斯—亚历山大—阿波罗—赫耳墨斯。女人的阿尼姆斯出现在梦中的时候，最初往往表现以某种大力士或运动员的形象；然后会出现计划与行动，以及独立自主的形象；接着会有类似"教授"或"牧师"等指导意义的形象；然后是充满灵感与创造的形象。女人也会把她的阿尼姆斯投射到一个或几个男人身上，如果她不能把实际上的男人与她的阿尼姆斯区别开来，她就可能感到愤怒或遗憾。

男性是通过他的种族遗传的阿尼玛而理解女性，而女性则通过她的种族遗传的阿尼姆斯理解男性。从这个意义上来说，阿尼玛和阿尼姆斯原型具有不可忽视的生存价值。他们部分地存在于个人无意识中，部分地存在于集体无意识中。[①]

3. 智慧老人

荣格用智慧老人（wise old man）来形容我们内在所具有的有关意义与智慧的原始意象。男性阿尼玛发展最高阶段的索菲亚形象，以及女性阿尼姆斯发展最高阶段的赫耳墨斯形象，都在不同程度上具有这种智慧老人的意义。荣格的"斐乐蒙"也就是荣格自己内在的智慧老人。他可以出现在荣格的梦中，也可以通过积极想象与荣格直接对话与沟通。荣格曾说，他的所有重要的分析心理学思想，都与他的"斐乐蒙"有着不解的渊源。[②]

---

① 杨韶刚 . 神秘的荣格 [M]. 南昌：江西人民出版社，2017:042.
② 申荷永 . 荣格与分析心理学 [M]. 北京：中国人民大学出版社，2012:60-61,71.

智慧老人有两个主要特点：智慧和谦卑。

4. 自性

自性（self）是荣格分析心理学中最重要的原型。它代表着一种"整体人格"，是意识自我得以维持人格外在统一的基础和根据。自性作为精神的一种整体力量，它的特点是能够潜在地把一切意识和无意识的心理过程、内容和特性结合在一起，使之组成一个有机的整体。

关于"自性"翻译的提出，申荷永教授在《论心理学术语翻译的标准化》中谈道："由于汉语的'自我'通用于所有西方心理学家的自我概念和理论，若是想突出荣格自我概念的特殊意义的话，可以考虑用'自性'来表达。自性本来是佛家语，表示诸佛法之本质，如'自性唯心'；也是二十五谛中之第一谛，为万有之生因；同时，我认为汉语的'性'字是心与生的结合，可表示与生俱来的心理本质，生活或生命的心理意义和内涵，正符合荣格之自我概念的本意。"

在各种原型中，自性扮演了一个特别重要的角色，它是混乱状态中调节人和秩序的恢复者，保证人格得以实现其最大可能的统一和完整。自性还具有超自然的性质以及在实践中非常有效的情感价值。自性也是每一个社会成员毕生所力求达到的目标，人们在实现这个目标的过程中为此所做的一切，就是一种"自我实现"。因此，荣格把自性看作整合人的意识和潜意识的一种巨大的精神力量。

荣格认为，人看起来只有"一个"个性，但事实上是由一群带有各自能量的次级人格共同组成的。为了实现人格的整体性，荣格提出了自性化的概念，他用自性化（individuation）来说明心灵的发展。他对心灵发展的定义是，成为一个通过整合而颇具特色的个人，一个不可分割的整合的人。换句话说，成为那个原本就潜存着的完整的、和谐的人。由此可见，理解自性与自性化以及如何实现人的自性化发展，对于我们而言意义十分重大。①

如何实现人的自性化发展？

分析心理学认为，自性化的人才是一个真正和谐的人，而这样一个回归原始的那种和谐状态的人，一生所经历的自性化过程是从自我意识的表层进入心灵内部，首先相遇的是情结，其次是面具和阴影，再深入便是与阿尼玛、阿尼姆斯的相逢，最后才是整合情结、面具、阴影、阿尼玛、阿尼姆斯，直至自性涌现这样一个自上而下的过程。

荣格在《心理学的反思》中说道："患者和我一起向每个人内心深处的那位 200 万岁的人讲话。归根结底，我们的大多数困难来自失去了与我们本能的联系，失去了与储存在我们心中未曾忘却的古老智慧的联系。那么，我们在哪里与我们心中的这位老人取得联系呢？就在我们的梦里。"

整体人格的思想是荣格心理学的核心。人的精神或人格，尽管还有待于成熟和发展，但它一开始就是一个整体，这种人格的组织原则是一个原型，荣格把它叫作自性。自性在集体无意识中是一个核心的原型，自性是统一、组织和秩序的原型，它把所有别的原型，以及这些原型在意识和情结中的显现都吸引到它的周围，使它们处于一种和谐稳定的状态。它把人格统一起来，给它以一种稳定感和"一体（oneness）"感。一切人格的最终目标，是充分的自性的完善和自性的实现。只有少数人能到达那个地方，正如荣格所指出的那样，在中年以前自性原型可能根本就不明显（那是因为对大多数人而言，他们必须等待自我的成熟）。自性原型以某种程度的完整性开始显现的同时，人格也正在通过自性化而获得充分的发展。

荣格的"自性"观念与佛教的"自性"观念颇为相似。荣格认为，

---

① 黄娟娟 . 论荣格分析心理学中人的自性化发展 [J]. 社会心理科学 ,2015,30(01):11-14.

"自我实现"是片面的，人应当寻求"自性实现"，亦即心理完整性的实现。"自性"是人的完善性的种子，是人们心灵深处内藏的珍宝；"自性"与宇宙本质紧密相连，因而具有神圣性。"自性"是人的完整性的发源地和目的地。即"自性是有倾向性和意义的原则和原型"。

"自性"与"自我"。一个现代公式表明了一个古老的事实，这就是圣保罗提出的："我活着，然而并不是我，而是基督在我的体内活着。"（《新约全书·加拉太书》第二章，第 20 行）从古代起，东方人就已经用"自性"这个词来表示更为广义的人格中心了。例如，《广林奥义书》（Brihadaranyaka Upanishad）中说：

"他住在种子里，在种子内部，而种子并不认识他。种子是他的身体，他在里面统治种子，他是'自性'，统治者在里面，永远存在。他没有被人看到，却看见了别人；没有被别人听见，却听见了别人的声音；没有被别人领悟，却领悟了别人；没有被人认识，却认识了别人。只有他是观看者，只有他是耳闻者，只有他是领悟者，只有他是认识者。这就是你的'自性'，内部的统治者，永远存在。其他一切统统都是魔鬼。"①

我们的自我(ego)常常只想认识可知的东西，而忽略了不可知的东西。但是，正如荣格所体验到的——而且已经建构在所有荣格分析学家的训练中——我们也能认识不可知的东西。为了做到这一点，意识的自我必须向一个更高级的力量投降，这个更高级的力量就是自性（神圣意象或精神的中心和整体）；然后通过体验到象征的自我死亡，我们就能认识超自然的神秘事物。保罗·蒂利希通过在面对虚无时拥有存在的勇气而达到了这种精神肯定的要旨。如果我们仍有耐心的话，

---

① 芭芭拉·汉娜.荣格的生活与工作[M].李亦雄，译.北京：东方出版社,1998:49.

神圣的光芒就会在我们的内心世界或精神的表面看来十分混乱的集体无意识的茫茫黑暗中闪耀，集体无意识是我们外部世界或宇宙的一面镜子。我们能够认识到（在神秘的直觉意义上）我们只是永不停止的神圣的进化过程中的一粒有创造性的和生气勃勃的火花。我们是怎样瞥见这一点的呢？ [①]

在《二百万岁的自性》的第二章里，史蒂文斯帮助我们打开了在我们做梦时通往我们的精神以及通往我们对这一内部世界的体验的窗。史蒂文斯论证说，梦尝试在精神的外部世界和内部世界之间架设桥梁。他认为，为这一艰巨任务负责的这个内部桥梁的建设者不是别人，就是那个原始的天才，200 万岁的自性。史蒂文斯用实例论证了这种假设与神经科学的证据是一致的，即梦的活动是在种系发生上非常古老的大脑部位开始的。按照史蒂文斯的观点，"遇见这个有 200 万年历史的内部世界就是去体验我们人类的种系发展史，这是一种个人的新发现"。他问道："还有什么是比这更令人惊异的冒险呢？"但是史蒂文斯痛惜地指出，在我们大多数人看来，这个从原始时代就存在的、经常伴随着我们每一个醒觉和睡眠时刻的人物完全是未知的。

荣格用自性化这一概念，所要表达的是这样一种过程：一个人最终成为他自己，成为一种整合性的、不可分割的，但又不同于他人的发展过程。安德鲁·塞缪斯（Andrew Samuels）在其《荣格心理分析评论词典》中，在比较了自性化（individuation）与自性（self）、意识自我（ego）和原型（archetype）以及意识性（consciousness）和无意识（unconscious）等概念的关系与整合意义之后说："自性化过程是围绕以自性为人格核心的一种整合过程。

[①]　安东尼·史蒂文斯. 二百万岁的自性 [M]. 杨韶刚，译. 北京：中国社会科学出版社，2003.

换句话说，使一个人能够意识到他或她在哪些方面具有独特性，同时又是一个普普通通的男女。"（申荷永，2012，p77）

从荣格1921年出版的《心理类型》一书中，我们可以看到其最初对于自性化定义的表达。其基本的特征是：①自性化过程的目的，是人格的完善与发展；②自性化接受和包含与集体的关系，也即它不是在一种孤立状态下发生的；③自性化包含着与社会规范的某种程度的对立，社会规范并不具有绝对的有效性。塞缪斯曾在评介自性化的时候，揭示出其另外一个层面的意义，或人们所崇尚的自性化的阴影："深入于内在世界及其奇异的意象，会产生趋于自恋的危险。需要考虑的另一种危险是，伴随着自性化过程将会出现各种各样的表现，包括反社会的行为，甚至是某种精神性的崩溃。由于移情在心理分析中具有十分重要的作用，因而，采用炼金术的术语，我们需要补充的是，自性化是一种逆行运动。"①

国内有些学者，把荣格的自性化（individuation）翻译为"个体化"，这有背荣格的本意。荣格说："我使用'自性化'这一概念，是要表示这样一种过程，在其中，一个人变得'不可分割'，也即成为一个独立的不可分的整合，或'整体'。"在荣格后期的著作中，他自己也提到区分整合与自性化时所存在的某种困难，荣格说："我一再注意到，自性化过程容易和自我的意识化相混淆，并随之把自我认作自性，从而使问题更加复杂。这样自性化就仅仅是自我中心和自发的性欲（auto-eroticism，可参考'自恋'，narcissism）……自性化并不与世隔绝，而是聚世界于己身。"于是，自性化的思想是在强调和突出某种独特性，而不是强调集体性的考虑和责任。但是，自性化又确实意味着更好并且更加全面地实现集体特性。或者用荣格自己的话说：

① 申荷永. 荣格与分析心理学 [M]. 北京：中国人民大学出版社，2012：60-61,77.

"自性化的目标主要表现在两个方面：其一，为自性剥去人格面具的虚伪外表；另一方面，消除原始意象的暗示性影响。"①

2.2.3　原型理论的实践

原型理论是和心理治疗实践紧密联系的。更难能可贵的是，荣格经常把原型理论运用于社会生活实践中，不仅涉及心理治疗领域，而且涉及宗教、文学等领域，使人们对神秘的原型有了一种新的认识。

1. 原型理论与心理治疗

荣格的分析心理学与弗洛伊德的精神分析一样，都是以临床实践为基础的心理学理论体系，都是以治愈和发展为目的的心理学实践。荣格特别强调治疗中无意识与意识的整合，他说："精神分析是一种医疗上的干预，一种旨在揭示和显露无意识心理内容，并将它们整合到自觉意识中去的心理技巧。"②荣格式的心理治疗和分析，是以原型理论为基础，以发展人格、实现患者的自性化为目标，结合分析心理学的其他理论和技术的一种心理治疗的学派。分析师与患者一起探索造成疾病的原因，同时又特别强调其人格中健康的方面。常用的方法有词语联想、梦的分析和积极想象，此外还有沙盘游戏治疗和意象体现等方法，它们之间有一定的交叉和融合，并不是截然分开和孤立进行的。作为分析师或治疗师，最重要的素质是对无意识、象征性和感应性的把握和理解，而这些最终都可能深入原型的层面上进行。

荣格始终坚持个性化的人格理论，他强调并没有什么固定的、一

---

① 申荷永 . 荣格与分析心理学 [M]. 北京：中国人民大学出版社，2012:60-61,78.
② 荣格 . 精神分析与灵魂治疗 [A]. 冯川，译 . 北京：改革出版社，1997:286.

成不变的治疗方法。他说："治疗神经症的有效方法是个别治疗，由于这个原因，顽固坚持某一种理论或方法是根本错误的。"① 荣格分析师不是为病人治病的医生，而是一个陪伴者，应根据每位患者的不同情况甚至不同的疗程修正治疗方法。因此，荣格派的心理治疗目的和治疗方法是因人而异、量体裁衣的。

2. 原型理论与宗教

荣格首先是一位心理学家，他努力探索人类心灵的奥秘，试图帮助人类解脱心灵的痛苦。基于此，也因为出生于宗教家庭，他一生都十分关注宗教问题，他也是最重要的宗教心理学家之一。他共写下了二十多部与宗教有关的著作，如《向死者的七次布道》《心理学与宗教》《答约伯书》，以及探讨中国的道教的《〈太乙金华宗旨〉的分析心理学评述》等。

荣格对于原型与宗教的关系有着浓厚的兴趣。荣格认为，宗教无疑是人类心灵中一个最早和最具普遍性的表达方式，属于触及个人心理结构的心理学。在他的一些著作中，他要证明无意识存在着可靠的宗教功能的心理事实，并对无意识心理过程中的宗教象征作出解释。荣格认为，原型与古代某种神秘的宗教形象密切相关，在形象的直觉中包含着某种深刻的哲理和发展流向，预示着未来，并指出每个人冥冥之中所渴望、所期以达到的目标。在《心理学与宗教》一书中，荣格认为宗教"指的是已被'圣秘'体验改变了的意识的一种特有的态度"，是"对某些充满活力的要素的细致而小心的体察。这些要素被设想为各种'力'（powers）——灵气、魔鬼、神祇、法则、观念、理想等"。换句话说，他认为宗教是一种特定类型的体验，即它是直

① C. G. Jung. (1976). (No. 17) Collected Works of C. G. Jung[M]. Princeton University Press. 203.

接的、主观的，因此是与原型有关的心理现象。宗教仪式、教义等就是一种包含了神圣体验的原型再现，或者说是这种体验的"领悟模式"。荣格甚至把上帝原型等同于自性原型，把上帝意象等同于自性意象。[①]

3. 原型理论与文学批评

作为一位研究人类精神现象的心理学家，荣格不仅关注神经症患者和精神病人的变态心理，他还从这些研究中归纳出可以为正常人所接受的心理学理论，从而影响了很多不同领域的研究，甚至推动了某些学科的发展，其中包括文学艺术领域。荣格把他的集体无意识和原型理论应用于文艺批评，被称为"原型批评"。比如，在荣格的许多论著中，都有对歌德、席勒、但丁、朗费罗等人及其作品的分析。荣格把所有的文艺作品分为两类，即心理学式的艺术作品和幻觉式的艺术作品。他说，"心理学式的艺术作品其题材都是取自广博的人生意识经验"，而"幻觉式的艺术创作素材不再是人人耳熟能详的，其本源是人类的心灵深处"。荣格对幻觉式的文学作品格外青睐。他认为，这类作品揭示的是人类暂时还没有认识到的神秘的精神世界的原始经验，它是以人类集体无意识原型的形式表现出来的，原型是幻觉式艺术作品的素材。[②]

原型批评自从 20 世纪 60 年代之后逐步兴起，成为最流行的学派之一，在西方文学界产生了广泛而深刻的影响，20 世纪 80 年代以来在我国文艺界也广受欢迎，并产生了一批颇有成就的研究者和作品。美国文论界权威人士韦勒克认为，从影响和普及程度上看，神话－原型批评同马克思主义批评、精神分析批评鼎足而立，是仅有的真正具

---

① 宋斌，申荷永. 简论荣格的宗教心理学思想 [J]. 西南民族大学学报（人文社会科学版），2013，34（10）:82-86，2.

② 杨韶刚. 神秘的荣格 [M]. 南昌：江西人民出版社，2017:314-315.

有国际性的文学批评。 ①

2.3 阴影

阴影（shadow）是一个具有重要意义的心理学概念。它由荣格在
1912 年首次提出，它选自 E.T.A. 霍夫曼的作品《魔鬼的迷魂汤》中
的"阴影兄弟"。从此对阴影的研究就成为荣格思索的课题，特别是
在 1939 年、1945 年和 1946 年，他的著作中经常提到阴影这个概念。
1948 年由埃里希·诺伊曼出版了有关该课题的一本专辑：《深层心理
学和新伦理学》（又译为《深度心理学和新道德》），对阴影进行了探
讨，并提出了如何对它加以整合的建议。 ②

继荣格之后，弗洛伊德也开始研究阴影。荣格把弗洛伊德的"解
释方法"视作"对人的阴影方面深入细致的探索"，它不是对人的本
质的幻想，而是对人的人格理想化观点的最好解释。但荣格也补充道，
人们不能仅仅从阴影方面对人作出解释。这也是荣格一贯的思想。"归
根结底最重要的不是阴影而是产生阴影的载体。"所以在荣格的心理学
中不仅要了解人的病理学，还应观察其体质强弱的情况，它从一开始
就被看作资源导向的心理治疗。

In Jungian psychology, the shadow or "shadow aspect"
may refer to (1) the entirety of the unconscious, i.e.,
everything of which a person is not fully conscious, or (2) an
unconscious aspect of the personality which the conscious

---

① 叶舒宪. 神话—原型批评 [M]. 西安：陕西师范大学出版社，1987:3.
② 维蕾娜·卡斯特. 人格阴影——起破坏作用的生命力量 [M]. 陈国鹏，译. 上海：上海
译文出版社，2002:2.

ego does not recognize in itself. Because one tends to reject or remain ignorant of the least desirable aspects of one's personality, the shadow is largely negative. There are, however, positive aspects which may also remain hidden in one's shadow(especially in people with low self-esteem).[①]

在荣格心理学中，阴影或者阴影方面可能是指：全部的无意识，即一个人没有充分意识到的一切；或者意识自我没有意识到而又确实存在于其内的人格的无意识部分。由于人倾向于拒绝或者忽略人格中不那么光彩的部分，阴影就在很大程度上被否定掉了。然而，许多人格中积极的部分恰恰就隐藏在阴影里（尤其对那些低自尊的人而言，更是如此）。

2.3.1 对阴影的描述

阴影代表弗洛伊德所发现的个体无意识和荣格所发现的集体无意识中的一个原型。"阴影是人格活生生的一部分，因此希望以某种形式与之共生。""源自集体无意识的必要且必须的反应，通过基于原型形成的观念表达自己。遭遇自己首先是遭遇自己的阴影。阴影是一条狭路，一道窄门，其痛苦的挤压使所有走下深井的人无一幸免。但是人们必须学会认识自己，以便认识到自己是谁。因此，足以令人吃惊的是，从门后走出来的东西是一个无边无际的广袤区域，满是前所未有的不确定性，显然没有内外、上下、彼此、我你、好坏之分。它是水的世界，一切生命悬浮于其间；交感神经系统的领域、一切有生命之物的灵魂始于此间；我于其间是不可分割的此与彼；我于其间体验自

---

① Young-Eisendrath, P.& Dawson, T.(1997).The Cambridge Companion to Jung.,Cambridge University Press, 319.

身之中的他者的同时，非我之他者也体验我。"①

荣格分析心理学中的"阴影"并不是我们日常生活中所理解的阴影。用荣格的术语来表达，阴影是不为人们的意识所接受的内容，是个体人格中的卑劣部分。阴影属于一种原型，也就是说，它不可避免地存在于个体身上。阴影的影响既可为积极的，也可为消极的，因此人们应该把它们的积极因素吸收到实际的经验之中，并合理利用它的消极因素，而不是一再压抑自己的阴影。如果我们能够认识阴影，承认有阴影的存在这个事实，并且与阴影很好地相处，那么人们将会在探索心灵之路上获得进一步的自性化，在某种程度上达到心灵的整合。基于此，认识并接纳自己的阴影，具有重要的现实意义。

荣格用"阴影"一词来界定人们通常所认为的不道德之事。然而，最好不要把阴影看成一样东西，而要把它想成"阴影的"或"在阴影中"的某些心理特性或质量。②荣格用阴影来描述我们自己内心深处隐藏的或无意识的心理层面。阴影的组成或是由于意识自我的压抑，或是意识自我从未认识到的部分，但大多是让我们的意识自我觉得蒙羞或难堪的内容。这些让我们自己不满意而存在于我们自己无意识中的人格特点，往往会被我们投射到其他人的身上。从心理分析的意义上来说，阴影并不完全只是消极的存在，意识到阴影存在本身，已经具有某种积极的意义。阴影中包含着许多本能的内容及其能量，原始与幼稚的心理特点，以及阴暗之中的玄妙。觉察自己的阴影，乃至达到某种心理的整合，也是心理分析过程中重要的工作目标。③

我们在生活中常常会发现：个体总是不可避免地讨厌一个人或一

---

① 荣格.原型与集体无意识（荣格文集第五卷）[M].徐德林.译.北京：国际文化出版公司，2011:19-20.

② Stein M.荣格心灵地图[M].朱侃如，译.台北：立绪文化事业有限公司,1999:137.

③ 申荷永.荣格与分析心理学[M].北京：中国人民大学出版社,2012:67-68.

种人，实际上这是个体将自己的阴影投射给其他人，这个过程仅存在于无意识层面上。从另一角度来讲，阴影并不是无意识人格的总体。它相当于意识自我的未知或所知甚微的特征和特性——那些大部分属于个体领域的、能够被充分意识到的特征。在某些方面，阴影同样可以由源于外在个体自我生命源泉的无意识因素构成。[①] 也可以理解为，阴影是对意识的补偿。[②]

1. 阴影的定义、构成、特点

（1）定义

1945 年，荣格对于阴影给出了一个直接的、明确的定义："它是个体不愿意成为的那种东西"，阴影将一切个人不愿意承认的东西都加以人格化，但也往往将它自己直接或间接地强加在个人身上。

阴影属于一种原型，它是超个体的——即超越我们的个人生活经验的。这种集体心理很有可能是遗传下来的，也就是说，我们一生下来就有一个心理世界，它为我们本能的心理生活做好了准备。原型是普遍存在的，一些基本的原型意象在所有人身上都存在。阴影在人类进化史中具有极其深远的根基，它很可能是一切原型中最强大最危险的一个。它是人身上所有那些最好和最坏的东西的发源地，而这些东西特别表现在同性间的关系中。[③]

（2）构成

阴影的涵义可以从三个层面上来理解：

---

① 荣格. 人及其表象 [M]. 张月，译. 北京：中国国际广播出版社出版，1989.

② Sean M，Zehnder，& Sandra L. Calvert. (2004). Between the Hero and the Shadow: Developmental Differences in Adolescents' Perceptions and Understanding of Mythic Themes in Film. Journal of Communication Inquiry. 28, 122.

③ C.S 霍尔，V.J 诺德贝. 荣格心理学入门 [M]. 冯川，译. 北京：生活. 读书. 新知三联书店，1987:56-57,59.

个体的：来自个体生活的被压抑的幻想、愿望、冲动和观念等。

集体的：不起源于个体的权力、贪婪、仇恨，它是一种新时代的欲望。

原型的：邪恶和绝对邪恶、魔鬼、男女诸神、神话和史前期的东西。[①]

（3）特点

阴影具有原始动物性、自主性和动力性三个特点。

由于阴影的隐秘性，因此它比任何其他原型都更多地容纳着人的最基本的动物性。同时，阴影不完全受自我控制，具有自主性和动力性。阴影会自发地跑出来，占据和控制自我，而自我却很少意识到它的存在。荣格认为，人的心灵及其每一个层面和子结构都具有能量，能量可以流动但不可能消失。阴影本身也具有能量，会找机会宣泄和释放，并支配自我。"阴影也具有惊人的韧性和坚持力，它从来都不会彻底地被征服。"

2. 阴影的形成

既然阴影属于不为个体所接纳的部分，那么作为一个具有隐秘性、邪恶性、原始性的存在，它又是如何形成的呢？

阴影的形成取决于意识作用的发挥，自我意识拒绝的内容便成为阴影，而它积极接受、认同和吸纳的内容，则变成它自己以及人格面具的一部分。至此，阴影与人格面具成为相互对立、相互矛盾的一对原型。阴影与人格面具像是一对兄弟或姊妹，一位站在公众面前，另一位则躲在一边隐蔽着。人格面具这个词的本义是为使演员能在一出剧中扮演某一特殊角色而戴的面具。人格面具是一个人公开展示的一

---

① 哈里·A. 威尔默. 可理解的荣格：荣格心理学的个人方面 [M]. 杨韶刚，译. 北京：东方出版社，1998.

面，其目的在于给人一个很好的印象以便得到社会的承认，这就有必要驯服容纳在他的阴影原型中的动物性精神。而这又只有通过压抑阴影的显现，通过发展起一个强有力的人格面具来对抗阴影的力量，才能够得以实现 ①。阴影作为人格面具的对立面，可以被视为是一种超人格，想要获得人格面具所不允许的事物。

生活中不难发现阴影人物的典型范例。比如：一个从小刻苦学习的 A 同学，突然从某一天开始受 B 同学的诱惑陷入网络不能自拔，成为网瘾问题少年。根据荣格的分析心理学，这是 A 同学的阴影在发挥作用，表面上看似 A 同学是受害者，但他却因此而接纳自己的阴影，挑战另一种生活方式，从而可以达到较大程度的整体感。生活中这样的例子比比皆是。由此可见，阴影作为人格面具的另一面，它充满了危险和难堪，但是与它相遇也可能会带来转化的效应。

3. 阴影的运作和表现形式

（1）梦、投射

一般而言，阴影不会有自我直接体验，不会以直接的方式暴露在自我面前，我们往往会把它投射到我们特别不喜欢或痛恨的某个人身上，我们每个人身边都有几个这样的人。有些人只盯住一个人，而有些人则把我们自己的阴影全部稳固地寄放在这种人、这种地方和这些种族身上。

The shadow may appear in dreams and visions in various forms, and typically appears as a person of the same sex as that of the dreamer.② 阴影可能出现在梦里，或者各种形式的幻觉中，

---

① C.S 霍尔，V.J 诺德贝 . 荣格心理学入门 [M]. 冯川，译 . 北京：生活 . 读书 . 新知三联书店，1987:57.

② M-L von Franz. (London 1978). "The Process of Individuation" in C. G. Jung. Man and his Symbols.

典型的表现为一个梦者的同性别的人。

阴影在处理不当时会对个体产生消极影响，它在无意识层面发挥着巨大作用。然而，有时阴影的强力，是因为无意识自我正在指向同一方向，因此，人并不知道在内部压力的背后是无意识自我，还是阴影。在无意识之中，个体不幸地身处一种与月光下的景色境遇相同的境遇——所有的内容都模糊不清，互相融化为一体，人无法确切知道它们是什么，它们的位置在哪里，或者一物从何处开始，到何处终止。因此，当个体面对阴影时，往往会不可避免地陷入迷途。阴影也并不总是对个体具有消极影响，它还会表露出积极的一面。当自我与阴影相互配合、亲密和谐时，人就会感到自己充满了生命的活力。这时候自我不是阻止而是引导着生命力从本能中释放和辐射出来。因此，也就毫不足怪，为什么富于创造性的人总是显得仿佛充满了动物性精神，以至于那些比较世俗的人往往把他们视为古怪的人。

（2）意外或紧急情况

阴影属于集体无意识，那在日常生活中我们是不是根本无法触及它？荣格说：阴影是人格中未知的方面，常常以黑暗的、怪模怪样的、吓人的或模糊的面目在梦中光顾自己，除了梦中之外，在意外情况或紧急情况时，才会显露出阴影的特质。[①]

如果一个人的意识自我仍处于良好的状态，阴影就一直潜藏于无意识中，但只要人突然面临人生困境，发生精神危机，阴影就会利用这一机会对自我发威。[②] 结果不仅会触及道德底线，放纵自己，造成个人的困扰，甚至会挑衅法律，造成对社会的危害。

---

① Stein M. 荣格心灵地图 [M]. 朱侃如，译. 台北：立绪文化事业有限公司，1999:142.
② C.S霍尔，V.J诺德贝. 荣格心理学入门. [M]. 冯川，译. 北京：生活. 读书. 新知三联书店，1987:61.

4. 研究阴影的心理分析意义

通过对荣格分析心理学中阴影的研究，我们发现阴影是必定存在的，每个人都有一个阴影，并且人格越庞大，阴影也就越大。阴影属于原型，它普遍存在于个体的内心深处，因此认识阴影的关键在于要承认这个方面，并且需要揭露我们的阴影。从某种角度上讲，对阴影的否认，拒绝在意识现实中面对它，也是骗子的一种行径。如果个人完全躲避阴影，虽然生活合于规范，却不完整得可怜。像阴影开启的经验虽然会使个人遭致不道德的玷污，却可以达到较大程度的整体感。如果我们能够看见阴影，并且承认有阴影存在这个事实，那么问题的一小部分就得到了解决。如果阴影中蕴含富有价值的、生命的力量，那么人应该把它们吸收到实际的经验之中，而不应该压抑它们。放弃自身的骄傲和自负，使某种仿佛邪恶但实际上并非邪恶的力量充分发展。这样做可能需要一种牺牲，宛如征服激情那样的英雄式的牺牲，不过，这种牺牲是一种相反意义上的牺牲。

阴影与我们为敌或为友，这在很大程度上取决于我们自己。对于个体来说，阴影并不一定总是对手。实际上，阴影宛如一个我们不得不与之交往的活生生的人，我们可以根据情况的需要，调整我们自身，与他和睦相处。他有时顺从，有时反抗，有时则赐予爱。只有当我们忽视阴影的存在，对阴影产生误解之际，阴影才会变得充满敌意。显而易见，在一切矛盾与冲突之中，阴影的问题具有至关重要的意义。假如人做了具有阴影涵义的梦，却不对他的阴影问题采取明智的态度，他就会很容易地把那亡命徒一样的阴影人物视同为外部生活中的"危险主义者"，这样一来，他就不可能看到，在他的内心里，存在着这类相互争斗的组元。如"投射"。所有矛盾之中的问题都充满了这类投射，正如一小群人或几个人在私人场所散播的流言蜚语之中充满投射一样。所有各种投射都将会遮蔽我们的观点和我们同代人的观点，损害观点的主体性，进而损害一切潜在的真正和谐的人际关系。要想真正地认识阴影，就必须对自身的无意识内容进行吸收，预测出现的阴暗同伴是我们所要克服的缺点，还是我们能够接纳的生命的一部分。只要涉及阴影，心理治疗的目标就是要发展对那些意象和它在个体的生活中很可能会产生投射的那些情况的意识。承认和分析阴影是为了打破它强迫的控制[①]。阴影只有突破自我的压抑和控制，才能进入个体的意识领域，并与意识进行很好的沟通，不断地实现自性化，最终达到心理分析的目的。

2.3.2　概念辨析

阴影与本我、无意识、压抑，以及情结等之间的关系。

首先，我们通过阴影的内涵看看阴影与本我、无意识、压抑等概念之间的关系。阴影，犹如我们向光而行时，在地上投下的影子，但与广泛意义上的阴影概念不同。在荣格心理学中，"它是自我无法控制的无意识心灵要素之一……在正常整合自我的人格中，若有某些部分因为认知或感情分裂而压抑，就会陷入阴影。一般而言，阴影具有不道德或至少不名誉的特性，包含个人本性中反社会习俗和道德传统的特质"。阴影基本等同于弗洛伊德的"本我"，它是人类原始动物性的方面，是本性的真实显现。阴影也常被认为是人格的黑暗面，也是人类的黑暗深渊，它远离光明，一度是懒惰、骄傲、嫉妒、贪婪、欲望、邪恶等一切不合道德伦理和社会规范的代名词，它使人类充满羞耻感与罪恶感，因而一般不被自己内心接受与认同，而是一贯被自我压抑、厌恶、掩盖甚至痛恨，被自我拒绝和防卫，因此通常被弃之于广袤的无意识中，由此，"阴影无法由自我直接经验，所以它被投射到他人身

---

① 施春华. 心灵本体的探索：神秘的原型 [M]. 哈尔滨：黑龙江人民出版社，2002.

上"，通常被投射到自己不喜欢或憎恨的人或物上。而自我就像黑暗圣斗士，认为自己总是正义的、高尚的、无辜的，而别人总是邪恶的、黑暗的、值得批判的，并且认为这种感觉与认知理所当然。现实中的某些激进分子打着"救世主"的旗号为百姓"伸张正义"，到处烧杀抢夺就是极端的犯罪心理，不过是为自己内心的邪恶找个借口进行投射而已。

从形成而言，阴影是社会适应中自我发展过程的选择，并固定地以某种原型为基础。荣格心理学认为，集体无意识中储藏着众多的原型，它们是心灵最初的发展，是我们从祖先那里先天遗传下来的对世界作出反应的倾向性或潜在的可能性。"原型是普遍存在的，每个人都继承着相同的基本原型。"因此，阴影属于集体无意识，是自我与社会内外因相互作用的结果。如果原型是潜在的可能性，那么社会道德伦理、文化、教育和环境等则使阴影的形成成为现实。

接下来，我们再来探讨阴影与情结的关系。

什么是情结？情结对于荣格来说属于第一个研究领域。通过字词联想，荣格注意到对某些词，被试发生了延迟反应，并且这种现象在实验中不断重复出现。荣格还观察到引起这种延迟反应的原因往往与某些特殊的"扳机"式的字词所唤起的强烈情绪有关。他就使用了"情结"这个术语来表达这种现象。事实上，这是荣格在字词测验和情结理论方面所做的前期工作，正是这些工作，使得荣格与弗洛伊德有了接触。现在这个术语在一般意义上用来指一个个体对某一个地方、某一个人或某件事情所具有的特殊的感觉，是其个人心理的一个部分。在荣格分析心理学中，这个概念主要指的是：个人无意识中，对造成意识干扰负责任的那部分无意识内容。或者换句话说，指带有个人无意识色彩的自发内容，通常是因为心灵伤害或剧痛造成。此外，与弗洛伊德不同的一点，荣格认为：人的心灵有三个层面，表层是意识，

最深层是集体无意识，在这两个层面之间的是个人无意识。①

因此，情结属于个人无意识中的一部分内容，而阴影是集体无意识的重要原型之一，它们在人类心灵中的层次是不同的。尽管如此，在现实中，情结与阴影常常结合在一起，因为情结拥有非常高浓度的负性能量。负性能量因抑制而积聚，积聚又使其压力逐渐增强，因而具有破坏性。情结一旦与阴影结合，人便会陷入极其偏狭和极端的思维与情感状态之中，随之引发带着强烈情绪的投射。这时候看到的全部是他人的问题，并会以自我正义与正确的强大道德假象掩盖真实的投射，于是使得自我似乎具有了道德上的制高点。这一点尤其容易发生在集体情结爆发的阴影聚集与投射中。

2.3.3　阴影与其他原型的关系

此处，我们重点谈谈阴影和人格面具的对立与整合。

提及阴影，就不得不提及与其密切相关的另一个原型——人格面具。荣格认为，除自我意识这个主人格外，"一人有一个'个性'，但事实上却是由一群次级人格组成。人格面具与阴影就是作为心灵对立面而存在的一组分歧次人格，它们是心灵中互补的结构"②，是对形成我们人格和行为特别重要的原型。认识它们的关系将有助于更深刻地理解阴影，有助于个人心灵和谐发展，即荣格所说的自性 (self)。在荣格心理学中，人格面具的作用与此类似，他保证一个人能够扮演某种性格，而这种性格并不一定就是他本人的性格。人格面具是一个人公开展示的一面，其目的在于给人一个很好的印象以便得到社会的承认。

①　范红霞，申荷永，李北容. 荣格分析心理学中情结的结构、功能及意义 [J]. 中国心理卫生杂志,2008(04):310-313.

②　Stein M. 荣格心灵地图 [M] . 朱侃如，译. 台北：立绪文化事业有限公司，1999:141,148.

每个人都可以有不止一个面具，上班时戴的一副面具，下班回家戴的另一副面具，与朋友在一起时可能又戴上另一副面具，所有这些面具的总和，构成了他的"人格面具"。他不过是以不同的方式去适应不同的情境罢了①。"人格面具是我们经由文化熏陶、教育以及对物理与社会环境适应的产物。"荣格发现它有两个来源：符合社会条件与要求的社会性角色，一方面受到社会期待与要求的引导；另一方面也受到个人的社会目标与抱负的影响。它也是自我与社会内外因相互渗透和相互作用的结果。

"从心理学的角度看，人格面具是一种活动的情结，其功能既有隐藏个人意识、思想与情感的一面，也有将它们显露给他人的一面，人格面具这个情结拥有相当高的自主性，不完全受自我控制。"在适当的场合，面对适当的人就要说适合的话，做适当的事，这是我们社会交际的规则，是我们理所当然的自然选择，不需要迟疑，不需要做作，人格面具自主自发就会这么做，自我无从知晓，无法拒绝，更是无法控制的。"那些与个人行为有关的法律和社会习俗，实际上正是集体人格面具的表现。"

"自我意识拒绝的内容就成为阴影，而它接受、认同和吸纳的内容，则变成它自己以及人格面具的一部分。阴影与人格面具像是一对兄弟或姐妹，一位站在公众面前，另一位则躲在一边隐蔽着，它们是各种对比的呈现。"②阴影是意识自我和人格面具都疏离的特质，但它们都同处于心灵中。阴影因为邪恶与黑暗而引发自我羞耻和攻击，而人格面具则让自我可以避免羞耻并产生认同感。人格面具与阴影好比光明与黑暗，善与恶，阳光与影子，彼此对立却如影随形。众所周知，

①　C.S 霍尔，V.J 诺德贝 . 荣格心理学入门 ［M］. 冯川，译 . 北京：生活 . 读书 . 新知三联书店，1987：48，136，51.

②　Stein M. 荣格心灵地图［M］. 朱侃如，译 . 台北：立绪文化事业有限公司，1999：140.

一支笔在强光、中等光和弱光照射下投下影子的深浅不同，光越强，影子越阴暗。正像人格面具与阴影，我们越以人格面具自居，越认同自己扮演的社会角色，内心的阴影也越聚越深，越想方设法掩盖自己的难堪，越违背本能而行，对人格的发展就越不利。"从心理分析的意义上来说，当我们把自己认同于某种美好的人格面具的时候，我们的阴影也就愈加阴暗。两者的不协调与冲突，将带来许多心理上的问题与障碍。"① 由此，阴影与人格面具是心灵中对立而统一的结构原型。虽对立存在，但相互依存，相互作用，彼此统一于心灵中。阴影的内容通常并不邪恶，它被感觉邪恶，只是因为与其人格面具不一致，所以才会有羞耻感和罪恶感。荣格认为自我中存在两种相反的倾向：一是分离与独立的需要，另一个是关联与归属的需要，二者总处于冲突中，实质也就是阴影与人格面具原型的冲突与对立。有的人倾向于选择极端一方，要么放弃人格面具，选择阴影——本我，希特勒等社会毁灭者是极端例子。而有的人选择过度认同人格面具而极力掩盖与远离本我，就像歌德笔下的浮士德，枯燥无味的生活让其沮丧得想自杀。不过，让我们看到希望的是浮士德遇到魔鬼梅菲斯特后，与阴影的遭遇焕发出新的能量，带给他心灵的转化，使其心灵更加完整。因此，阴影与人格面具的对立冲突并非无法跨越，只要自我接受它们，让它们在心灵中的能量调整到相对平衡的状态，它们就会冲破分裂而走向整合，也会使其对自我的破坏能量减至最小。

整合人格面具与阴影，需要意识自我正确认识它们的同时，也接受它们，接受自己本性中的正面与负面，接受心灵本然的呈现，不过分压抑阴影，给予其一定的释放，不过分认同人格面具造成其膨胀(inflation)，而是允许本我以合理的方式呈现在自我面前，这样人格

---

① 申荷永. 荣格与分析心理学 [M]. 北京：中国人民大学出版社，2012:68.

面具和阴影相互补充，相互牵制而存在，相安无事。要做到如此，关键是自我要改变对它们的态度，也改变对自我的态度，不"人为"地压制它们的自然流露，当他们相互越界时，自我适当的调整让其归位即可。心灵中的各个部分恢复自然秩序并和谐相处，这就是荣格说的人的发展目标——自性，这个过程就是"自性化"的过程。这个并非原始的或原本的初为人时心灵的自然秩序，而是在后天社会适应中包容了意识化的所有经验，并整合了其与心灵中所有内容后形成的新秩序的排列组合，是所有能量的动态平衡，是心灵的整体和谐，是内心与外在世界的和谐。

综上，阴影并不邪恶，它是自我必需的存在内容，关键是意识自我如何正确认识和对待它，让它朝有利于人格、心灵以及完整个体的方向发展。

2.3.4　阴影的理论与实践意义

1. 理论意义

这里我们主要谈谈阴影理论对当代人文学科的理论指导和启发意义。当代著名学者赞布里斯基对荣格在当代人文学科中产生影响的几种方式作了归纳。① 他认为有三种方式：第一，对无意识的理解。无意识是实实在在的，不管个人还是集体都会受到这种力量的影响。第二，是荣格对悲剧及邪恶的那种忧郁而阴暗的感觉。荣格对阴影原型的发现揭示出，人类的灵魂并不是天使，那是邪恶与神圣共生的地方。如果故意压抑或忽视心灵的阴暗面，那么理性的堤岸往往会被其冲垮，陷入精神的破裂中。邪恶与悲剧是如此深深地渗透到事物的本质中，上帝与撒旦根本就是一体的。第三，荣格对精神的无穷无尽、令人惊

---

① 许虹. 荣格艺术思想的研究 [D]. 河北大学，2003:8.

异的创造力，敏锐的感觉和浓厚的兴趣。他通过自性的创造力赋予了艺术作品一种拯救性的价值和力量。显然在这里，荣格的阴影理论引起了赞布里斯基的格外关注和特别强调。

"正如霍夫曼在《魔鬼的迷魂汤》一书里的'阴影兄弟'篇中所说的那样，阴影长期以来一直是许多文学作品的主题：它是一个永恒有趣的普通人的主题。深层心理学的观点特别关注人的阴影在什么情景下形成，有哪些方面组成和如何理想地看待它，这是一个根本的问题。因为无论如何它涉及人的阴暗面，它对人际关系具有极大的破坏作用。"[①] 阴影是众多文学作品的重要主题之一，文学研究以阴影理论为指导展开工作，探讨文学作品呈现的人类深层的心灵世界，是荣格的原型理论对人文学科领域的重要贡献。关于文学的原型批评将在下一节中详细论述。

2. 实践意义

阴影的实践意义，对于一般的受众而言，主要是人们要认识、接受并整合阴影及其与自我的关系。

首先认识阴影，认识了它，我们就已经成功了一半。如何认识呢？阴影是无意识，一般不易被意识察觉，但它还是留下了可以被追寻的痕迹。意识自我可以透过梦的分析、紧急情况和意外事件去窥探它们，用无意识投射原理去认识它们，或者通过与挚友谈心，或借助心理分析师、咨询师的帮助。

其次最难做到的是接受阴影，改变对它的态度。因为人们总是乐于接受自己好的方面，而不愿接受自己不好的方面。B.Wliarton 分析了阴影与罪疚感、羞耻感的关系（1990），接纳阴影意味着面对这些

① 维蕾娜·卡斯特.人格阴影——起破坏作用的生命力量 [M].陈国鹏，译.上海译文出版社，2002:3.

复杂的情感。[①]

　　"接受阴影问题是人格转变的首要部分，其中包括意识的扩大。这并不意味着对阴影不负责任的屈服，这样会导致致命的意识丧失。而是应对阴影态度改变，'超越善与恶'，承认自己包含一个黑暗面，实际上是出自对人类无敌的特性的一种深刻和谦卑的认识。这是人类的创造目的的一部分。"[②] 人类往往不能正视自己内心的黑暗与邪恶，而一贯压抑待之，总试图控制和掩藏，致使阴影得不到适当的释放和宣泄，自我越虐待它，它就越发狂，以致总是很内疚，认为自己有罪，或迷信于各种宗教，或被各种不入流的团体利用和腐蚀，走向反社会的一面。

　　"而整合阴影是最棘手的道德与心理问题。如果个人完全躲避阴影，虽然生活合于规范，却不完整得可怜。向阴影开启的经验虽然会使个人遭致不道德的玷污，却可以达到较大程度的整体感。"[③] 就像亚当和夏娃虽偷吃禁果，却使生命、心灵、世界呈现完整与繁荣。正如诺依曼所说，我们需要一种新形式的人道主义，能够不至于像《七宗罪》中罪犯的行径那样以泯灭人性的方式教人们认识和接受自己的阴影。因此，我们要做的就是接受本我最真实的呈现，改变曾经的一贯态度，不过分压制它，在合理的界限内给它一定的出口去释放，这并不羞耻，因为阴影可以使我们的生命充满活力与张力，是创造性的源泉，它使我们的人格具有整体性和丰满性。

---

　　① B.Wliarton.(1990).The Hidden Face Of Shame:The Shadow,Shame And Separation. Journal of Analytical Psychology.35.279-299.

　　② 埃利希·诺伊曼.深度心理学与新道德[M].高宪田，黄水乞，译.北京：东方出版社，1998:121.

　　③ Stein M.荣格心灵地图[M].朱侃如，译.台北：立绪文化事业有限公司，1999:136.

2.4　文学的原型批评

回顾原型批评发展的历史，弗雷泽的《金枝——巫术与宗教之研究》和弗莱的《批评的剖析》堪称两部标志性的著作，前者通过对大量神话的研究，揭示了诸多神话甚至耶稣基督死而复活的本质，从而为文学的原型理论提供了基础；后者则使原型批评走向繁荣、蔚为大观。然而，在弗雷泽的开启和弗莱的光大之间，更为直接地为原型批评灌注理论色彩并从心理学上给原型批评以理论滋养的，是著名的分析心理学家、瑞士人卡尔·荣格。荣格不仅从深层心理学层面界定了"原型"概念，将其作为自己理论的核心范畴，而且，他还从其独具特色的"集体无意识"学说出发，将"原型"理论与文学艺术的象征、神话、梦幻这些深层意象以及作家的创作动力等因素联系起来，揭示他所理解的艺术的本质，建立起自己的文学原型理论，为文学原型批评理论打下坚实的基础。

荣格在其众多的著作中，对原型和文艺心理学问题多有论述，而《集体无意识的原型》《集体无意识的概念》《分析心理学与诗的艺术》《美学中的类型问题》《心理学与文学》等具体论著，更是较为集中地运用集体无意识理论阐明了他的文学观。

荣格在其后半生花费了大量的精力从事原型的研究与著述，他在自己的论著中描述过众多的原型，如出生原型、死亡原型、复活原型、巫术原型、英雄原型、上帝原型、树林原型、太阳原型、武器原型，等等。但其中最有影响、在每个人的人格中都具有重要意义的是四种原型：①人格面具(persona)，②阴影(shadow)，③阿尼玛(anima)或阿尼姆斯(animus)，④自性(self)。荣格对于原型的表述，深受结构主义哲学思潮的影响。他认为，虽然各原型彼此分离，但它们都可以以某种方式结合起来。例如，英雄原型如果和魔鬼原型结合起来，其结果就可能是"残酷无情的领袖"这种个人类型；而巫术原型如果同出生原型混合在一起，其结果就可能是某些原始文化中的"生育巫师"。既然原型能够以各种不同的组合方式来相互作用，因而是造就个体之间人格差异的因素之一，同样，这也是艺术家和艺术作品各不相同的原因之一。

2.4.1　荣格的艺术观

荣格在《心理学与文学》中说："显然，心理学作为对心理过程的研究，也可以被用来研究文学，因为人的心理是一切科学和艺术赖以产生的母体。我们一方面渴望用心理研究来解释艺术作品的形成，另一方面渴望以此揭示使人具有艺术创造力的各种因素。因此，心理学家就面临着两种独特的、彼此有区别的任务，并且必须以完全不同的方法来考察它们。"① 英国当代文学评论家戴维·洛奇认为："荣格的心理学比之弗洛伊德的心理学，在许多方面一直和文学的见解更为相合，尽管不一定更有影响。""从文学、人类学和心理学的这种融合，发展出一种文学批评，在这种文学批评里，文学作品或民族文学或文学整体的力量和意义，都是按某种原型的主题、形象和叙述方式的再现来解释的。"②

以"集体无意识"和"原型"这两个概念为基础，荣格艺术思想的一个核心观点就是："某种"优秀的文学作品应通过原型来表现人类的集体无意识，以此来补偿现代人苦闷、冷漠的灵魂。因为，身处 20 世纪的开端，荣格对于人类认识史的进程有着一种坚定不移的看法，

---

① 荣格.心理学与文学 [M].冯川，苏克，译.北京：生活.读书.新知三联书店，1987:124.

② 戴维·洛奇二十世纪文学评论（上册）[A].葛林，等，译.上海：上海译文出版社，1987:313-314.

即欧洲自从文艺复兴和宗教改革运动以来，随着人们向外部空间的拓展和对于客观世界的理解的深化，人对于心灵的提升却停滞了，人们过高地估价了物理因果律的价值，自觉地匍匐在物理学的地面上解释一切，包括人的生命和人的心灵。这些"成就"几乎剥夺了人的全部的心理潜能，神话也失去了活力，意识从此不再自由飞翔。用荣格的话来说，自文艺复兴以来的四百年里，"人们用理智的盔甲和科学的盾牌来自我保护"。人们只注意到"白天"发生的事情，而忽略了"夜晚"发生的事情；人们在智力方面收获过剩，而在心灵方面则丧失殆尽。而心灵的空虚则使人失去了平衡，所谓文明过度的欧洲人，往往很容易一下子退回到原始低劣的蛮性之中，而世界大战的血腥与野蛮更加重了他的忧虑与不安，因此荣格认定"心灵的探讨"必将成为未来一门最重要的学科，他希望自己能探索出那些支配人类心灵的规律，为人类找出一种新的生活态度。

作为分析心理学的创始人，荣格的艺术思想与其心理学学说密切相连。他以贯穿自己整个学说体系的"集体无意识"概念，作为他艺术理论的逻辑起点，提出集体无意识及其原型，是人类艺术的发祥地。他潜心研究艺术发生和存在的深层心理学原因，密切地关注着人类灵魂的幽密之处，试图为日益被物质俘虏的现代人类社会，找到回归精神家园的道路。在荣格这里，艺术创作的动力是由于集体无意识对社会精神失衡状态的自发调节而发生的。因此，艺术意象、艺术作品是集体无意识原型的显现，并具有自己的生命，而不依赖于艺术家个人。艺术家仅仅是集体无意识原型借以得到表现的工具。从审美角度讲，荣格认为无论是"抽象"还是"移情"，都是受集体无意识支配的。

荣格从集体无意识原型这一理论基点出发，对艺术创作、艺术产品、艺术家、艺术意象、艺术意义、幻觉、象征、审美态度等一系列重要问题进行了深刻的论述，并努力从人类深层的心理结构中挖掘这些艺术问题的普遍规律和永恒意义。荣格的研究，开阔了艺术研究的领域，丰富了艺术理论的内容，把艺术研究引向了更深更广阔的天地，在 19 世纪到 20 世纪艺术哲学转型的过程中，发挥着重要的作用，因此受到了人们的普遍关注。

荣格的艺术思想中论述得最详细、最具体的是关于艺术创作、艺术作品和艺术家及三者之间的关系。荣格说："不仅创作冲动的力量，而且它那反复无常、骄纵任性的特点也都来源于无意识。"他又说："孕育在艺术家心中的作品是一种自然力，它以自然本身固有的狂暴力量和机敏狡猾去实现目的，而完全不考虑那作为它的载体的艺术家的个人命运。"[①] 荣格将创作力看成一种扎根在人心中的有生命的东西，他称此种东西为"自主情结"（autonomous complex）。

关于艺术特别是文学作品的分类，荣格提出了几种不同的划分方法。[②]

1.动力来源：意识和无意识

根据创作原动力的来源不同，将其分为源于意识的创作和源于无意识的创作。第一种创作类型，作品"完全是从作者想要达到某种特殊效果的意图中创作出来的。让自己的材料服从于明确的目标"[③]。这时作者感到"他与创作过程完全一致"，他充分表达了要表达的内容，使用了他想使用的形式，得心应手、淋漓尽致。荣格认为还有一种艺术创作，是一种自发行为，创作冲动和创作激情来源于无意识中的自主情结，艺术家本人不过是它的工具和俘虏。孕育在艺术家心中的艺术

---

① 荣格.精神分析与灵魂治疗 [A].冯川，译.北京：改革出版社，1997:113.
② 袁义江，赵秀峰.略论荣格的美学思想[J].西北师大学报（社会科学版），1996(02):1-7.
③ 荣格心理学与文学 [M].冯川，苏克，译.北京：生活.读书.新知三联书店，1987:110.本节后面出自本书的引文会以"pXX"标出页码，不再另外做注释。

"专横地把自己强加给作者"，在创作此类作品时"他好像是一个局外人""掉进了异己意志的魔圈中"（p111）。

这是两种"完全不同的创作方式"，一种是"内倾的"，另一种是"外倾的"（p112）。但是荣格认为对于前一种创作类型的作者，"当他显然是在自己内心中进行创造并且创作出正是符合他自己自觉意愿的东西的时候，却仍然完全被创作冲动操纵"，而对后一种作者而言，他"意识不到在那种'异己的'灵感中，实际上正是他自己的意志在对他说话……"（p113）因此，对于不同创作类型的作者而言，不管他们是否意识到，他们都是在被一股看不见的暗流卷走，这股暗流来自集体无意识。

2. 艺术形式：心理型与幻觉型

根据文学作品的素材来源与性质的差异，荣格将艺术作品划分为"心理的"和"幻觉的"两种，这也是两种不同的创作模式。荣格说："心理的模式加工的素材来自人的意识领域"，"诗人在心理上同化了这些材料，把它从普通地位提高到诗意体验的水平并使它获得表现"（p127）。诗人所做的工作是把日常回避的、忽略的东西明确化，从而使得读者能更清晰、更深刻地理解。这一类作品有时"尽管是非理性的，也并没有任何奇特之处"，因为它没有超出心理学能够理解的范围，因而通俗易懂。

"幻觉的"创作模式恰恰相反，其素材不再为人们所熟悉，"仿佛来自人类史前时代的深渊，又仿佛来自光明与黑暗对照的超人世界"（p128）。它是一种"超越了人类理解力的原始经验"（p129），实际上来自集体无意识，是"由各种遗传力量形成的一定的心理倾向"（p137）。它们通过幻觉的形式呈现自我，"显示出某些我们在精神病患者的幻想中发现的特征"，是"原始幻觉"（p131），"是真正的象征"和"某种有独立存在权利，但尚未完全为人知晓的东西的表达""具有心理的真实性"（p134）。为了充分表达如此深邃的东西，诗人"必须借助神话"和"充满矛盾的想象"（p136），这样也才能达到"从无法形容的崇高到反常任性的怪异的整个系列"，"没有任何中间步骤被漏掉"的艺术效果（p137）。

3. 艺术的本质

荣格认为作为艺术家"是客观的，无个性的"，"他就是他的作品，而不是他这个个人"，"渗透到艺术作品中的个人癖性，并不能说明艺术的本质；事实上，作品中个人的东西越多，也就越不成其为艺术。艺术作品的本质在于它超越了个人生活领域而以艺术家的心灵向全人类的心灵说话。个人色彩在艺术中是一种局限甚至是一种罪孽"。（p140）艺术家和他的作品之间"不多不少恰好相当于土壤与从中长出的植物的关系"。和植物生长在土壤中一样，艺术的种子是"播撒"在集体无意识当中的，艺术是一个有生命的、自身包含自身的过程，它产生于个人之中，但超越个人，艺术最终是社会性的，是全人类的。这便是艺术的本质所在。真正的艺术具有永恒的意义，它历久弥新，光辉闪耀，永不会被时间湮灭，永不会被人欣赏得索然无味，因为它象征和提示的是人类心灵中最深邃、最广阔、最普遍的东西。

4. 创作过程：作为艺术家的个人与作为个人的艺术家

荣格认为，伟大的艺术家不是拥有自己意志并按其自我意志行事，而是肩负着人类历史的重任，他是"集体的人"而不是"个人的人"，用全人类的声音创作和表达。在现实生活中，艺术家与其艺术作品常常表现得不统一，生活中孱弱、卑鄙的人往往写出伟大高尚的作品，"他们是两种或者多种矛盾的统一体"（p140）。作为个人的艺术家是指"过着个人生活的人类成员"；而作为艺术家的个人是指"无个性的创作过程"，"艺术通过他实现艺术目的"，即他的艺术成就、艺术才能，艺术中他。

由于在个人生活方面的低能，"艺术家的生活即便不说是悲剧性的，至少也是高度不幸的"。（p141）他的内心始终有两种不同的力量相互争斗，"一方面是普通人对幸福、满足和安定生活的渴望"，另一方面则是残酷无情"甚至可能践踏一切个人欲望的创作激情"。"个人生活的冲突和缺陷，不过是一种令人遗憾的结局而已，事实则是：他是一个艺术家，也就是说，自从出生那天开始，他就被召唤着去完成一件较之普通人更其伟大的使命。"（p142）正由于远离尘嚣，与世俗世界格格不入，一些人类共同的原型意象才能在他身上"本能地被激活"，他才有机会潜入深邃无边的内心世界，"从集体智慧中召唤出治疗和拯救的力量"（p144），创作出永恒、伟大的艺术作品。

荣格的艺术观表明，艺术看上去是纯个人的，其实是属于全人类的；艺术创作不管是否受个体意识的明显支配，它都由集体无意识暗中推动；艺术活动好像是自我意识的自觉表现，其实它是人类原始意象的自发显现；艺术创作的过程看起来是精神、意识的"退化""下降"，实际上是对个人的一种"超越"，而退化到无意识中本身就完成了超越。

5. 审美（艺术欣赏）：抽象与移情

荣格认为，从艺术动力的角度来看，抽象和移情是无意识支配下的两种完全不同的审美态度。在他的心理类型理论中，有两种基本的心理态度：内倾（introversion）和外倾（extraversion），它们产生了西方美术史上两种完全不同的审美态度——抽象和移情。

（1）内倾与外倾

荣格认为，在集体无意识层面上，人们的心理结构是相同的，不同的是个性心态这一浅层心理结构，根据这种个性差异性，可将个体的心理态度分为内倾型与外倾型，它们是我们适应生活的基本模式。内倾的特点是："把自我和主观心理过程放在对象和客观过程之上，或者无论如何总要坚持它对抗客观对象的阵地。因此这种态度就给予主体一种比对象更高的价值……客观对象仅仅不过是主体心理内容的外在标志。"外倾的特点是"使主体屈服于客观对象，借此客观对象就获得了更高的价值。这时候主体只具有次要的性质，主体心理过程有时看起来只是客观事件的干扰或附属的产物"（p16）。"外倾态势是客观的态势，而内倾态势则是主观的态势。"[①]内倾与外倾是主体与客体谁主谁次的差别，本身并没有什么必然的好坏之分。内倾型着重关注内心体验，客体从属于主体；外倾型则是将心理能量主要投注在外部客观世界中，主体从属于客体。

每一个人都同时拥有这两种心理倾向，在实际生活中，总有其中一种占相对优势并因而决定这个人的心理类型。内倾和外倾的背后，是生命力的发展与表现，于是就有了四种基本的心理功能：情感、感觉、直觉、思维。两种基本的心理态度与四种基本心理功能互相搭配，比如内倾思维型或外倾思维型、内倾情感型或外倾情感型，可以推演出八种基本的人格类型。荣格认为艺术家大多属于内倾感觉型和内倾直觉型。

内倾与外倾见之于审美活动，便有了抽象与移情两种不同的审美态度。

（2）抽象与移情

"抽象"与"移情"是两种相反的审美态度，最早由德国著名艺术史家沃林格（W. Worringer）在他的著作《抽象与移情》中系统阐述。荣格对此非常重视，他认为抽象与移情的分别就是内倾与外倾的分别。按照他的观点，内倾的人必然认为美是主观的，外倾的则会认为美是客观的。"移情预先有对于对象的主观信心和主观任性的态度。这是一种迎接

---

① C.S 霍尔，V.J 诺德贝. 荣格心理学入门 [M]. 冯川，译. 北京：生活. 读书. 新知三联书店，1987:100.

对象的准备，一种主观的同化作用。"而抽象"并不主动去迎接对象，而宁可从对象退缩回来以保护自己不受对象的影响。它在主体中创作一种心理活动，让这种心理活动来抵消对象的影响"。（p223）移情预先设定对象是空洞的并试图对它灌注生命；与之相反，抽象却预先设定对象是有生命的、活动的，并且试图从它的影响下退缩出来。移情是外倾的，是主观影响客观；抽象是内倾的，是客观影响主观。

抽象是主体面对客体感到惧惮的一种心态，而移情则是主体获得优越感受的一种心理。"从古以来，我们对美的态度就是移情式的。""移情要求的前提，是人与外部世界之间存在着快乐的、泛神主义的信赖关系；而抽象的要求，却是这些外部现象在人心中引起强烈的内心骚动的结果。它在宗教方面的对应物是一切观念所具有的强烈的超越色彩。"（p222）荣格认为，抽象态度与"神秘参与的原始状态"有关，其体验有些类似于人类祖先与客观世界的关系，人类正是通过抽象与神秘参与的原始状态斗争，使混乱的外部世界在内心中变得有秩序。

抽象和移情在艺术欣赏中是同等重要的，它们是意识作用的结果，同时受到集体无意识的操纵和支配。这是两种审美体验的基本形式，它们的共同根源是"自我异化"，是"挣脱自身的需要"。抽象使人"从生命存在的表面的任性中寻求解脱"，移情使人进入对象之中，变成了对象，"以这种方式挣脱了他自己"（p229）。抽象和移情，内倾和外倾，都是"适应和自卫的机制"（p230）。

2.4.2　原型批评的历史与现状

1. 文学批评视阈下的原型概念

前文我们谈到，原型具有心理根源和象征表现——意象，文学的原型还具有符号性、历史性和社会性，这是文学批评家们加以补充说明的。叶舒宪在《神话—原型批评·导读》中对弗莱的原型概念做了几点归纳，我们以其为基础做适当调整，对文学原型做如下概括：

原型是文学中可以独立交际的单位，就像语言中的交际单位——词一样；原型可以是意象、象征、主题、人物，也可以是结构单位，它们在不同的作品中反复出现，具有约定性的语义联想。

原型体现着文学传统的力量，它们把孤立的作品相互联结起来，使文学成为一种社会交际的特殊形态。

原型是一种信仰和感情交织起来的模式，同特定的情结联系在一起，在无意识领域里对人产生着极大的影响；对它的体验可以通过各种仪式和许多神话传说来实现，但又不能清晰地言说，因此具有神秘性、暧昧性、模糊性等特征。

原型的根源既是社会心理的，又是历史文化的，它把文学同生活联系起来，成为二者相互作用的媒介。因此，原型既有生物遗传的因素，也体现着社会文化的变迁，具有历史和文化传承的特征，具有可塑性。

2. 原型批评的起源与历史

原型批评的产生与发展曾至少受益于三个不同的学科，即以弗雷泽为代表的文化人类学、以荣格为代表的分析心理学和以卡西尔为代表的象征哲学。[①]

加拿大人弗莱是原型批评的创始人和杰出代表。但是，原型批评能成为西方文学理论中一个重要的流派，却是弗莱广采博纳各家之说的结果。对弗莱建立原型批评产生重大影响的有两个人：一个是苏格兰人类学家 J.G. 弗雷泽，另一个是卡尔·荣格。弗雷泽在他的传世巨著《金枝》（1890–1915）中精辟地论述了仪式、巫术、神话等人类原始文明的源流关系，使该书成为神话研究的奠基之作。弗莱受到弗雷泽的启示，

---

① 叶舒宪. 神话—原型批评（增订版）[M]. 西安：陕西师范大学出版社，2012:（导读）3.

着手在神话中探寻构成神话的普遍模式，从原型象征中发现人类文学作品中普遍存在的最深层的意义。弗莱在他的《批评的剖析》中说："文学产生于神话""文学是神话性思维习惯的继续"，"因此，神话模式——即有关神祇的故事……是一切文学模式中最抽象、最程序化的模式。"他把神话看作是文学的本质属性的基础，认为任何文学作品都是在"由人类的希望、欲求和忧虑构成的神话世界中写成的"。

弗莱公开宣称，他的原型理论是受荣格的集体无意识理论的启发创建的。因此，他把自己的原型批评理论也称为荣格的批评理论。美国"新批评"代表人物威廉·威姆塞特和克林斯·布鲁克斯说，弗莱的原型是从荣格那里借来的，并且说，所谓原型，就是原初意象，它是集体无意识的一部分。荣格认为，原型在本质上是一种神话形象。他说："每一个意象都有着人类精神和人类命运的一块碎片，都有着在我们祖先的历史中重复了无数次的欢乐和悲哀的一点残余……"（《论分析心理学与诗歌的关系》，1922）

在该文中荣格还谈到，艺术作品作为一种象征，不仅在诗人的个人无意识中，而且也在无意识神话领域内有着它的源泉。无意识神话学的原始意象是人类共同的遗传物，他把这一领域称为"集体无意识"。用于区别个人无意识……集体无意识不能被认为是一种自在的实体；它仅仅是一种潜能，这种潜能以特殊形式的记忆表象，从原始时代一直传递给我们；或者以大脑的解剖学上的结构遗传给我们……它仅仅在艺术的形成了的材料中，作为一种有规律的造型原则而显现，也就是说，只有依靠从完成了的艺术作品中所得出的推论，我们才能够重建这种原始意象的古老本原。因此，按照荣格的观点，文学和艺术作品中着力刻画的那些古老的原始意象在某种程度上正是集体无意识原型意象的自然涌现。

但第一个系统地把荣格的集体无意识用于文学研究的并不是弗莱，

而是英国人莫德·博德金（Maud Bodkin），他于 1934 年出版了《诗中的原型模式》，该书比 1957 年出版的《批评的剖析》早了 23 年。在论述原型时他首次把兴趣从神话转到原型，使学术界的兴趣也随之转向。

德国哲学家卡西尔在他的 3 卷巨著《象征形式哲学》中提出，人类通过意指性的象征行为建立起使自身区别于动物的文化实体，这种象征行为包括语言交际、神话思维和科学认识。因此，人类精神文化的所有具体形式——语言、神话、宗教、艺术、科学、历史、哲学等，无一不是象征活动所创造的产品。他的名言是："人是象征（符号）动物。"在该书第 2 卷"神话思维"中他着手从认识论的角度研究神话，认为神话既不是虚构的谎话，也不是任意的幻想，而是人类在达到理论思维之前的一种普遍的认识世界、解释世界的死亡暗示。这种思维方式给原始人带来一种神话的世界观，它有自身的特点和规律。与弗雷泽和荣格的理论相比，卡西尔对原型批评的贡献既较晚，又较为间接。尽管如此，在几乎所有的有代表性的原型批评家的著作里，如蔡斯的《探求神话》（The Quest for Myth, 1949）、威尔赖特的《燃烧的源泉》（The Burning Fountain, 1954）和弗莱的《批评的剖析》（Anatomy of Criticism, 1957）中，都可以看到卡西尔神话观的印迹。

20 世纪以来原型批评成为文学研究领域中一支非常重要的流派，其内部不同的分支因具体的方法和倾向各有侧重，叶舒宪将其概括为四类：

以英国剑桥大学的简·郝丽生（J. Harrison）、亚瑟·伯纳德·库克（A. B. Cook）、康福德（F. M. Cornford）以及牛津大学的吉尔伯特·墨雷（G. Murray）等为代表的剑桥学派，其特征是对希腊文化的特殊兴趣和对仪式功能的特别关注。他们的研究不仅限于文学，还涉及了宗教、艺术、思想史和文化史。其后，人们持续从原始文化尤其是宗教仪式的角度探讨文学和历史现象，形成了神话－仪式学派（Myth and Ritual School）。

荣格学派的原型心理学研究，该学派注重从心理方面研究原型在创作和欣赏过程中的内在反应，可以划入艺术心理学范畴。代表人物是英国女学者鲍特金（M. Bodkin），她在对作品进行解读时，试图从审美心理方面描述艺术家和读者对潜藏在素材或作品背后的原型内容的认同感受，针对荣格所强调的种族经验和心理的"生物性继承"，她更重视"社会性继承"（Social inheritance）。此外，还有两个重要的人物诺依曼（Erich Neumann）和阿润森（Alex Aronson），前者的代表作是《大母神：原型分析》，后者著有《莎士比亚的心理与象征》等。

侧重原型的文化价值的研究。美国的蔡斯（R. Chase）和费德莱尔（L. Fiedler）善于做由内向外的引申，从文学作品的原型分析中发现特殊的文化价值。菲德莱尔在他的《美国小说中的爱与死》等书中提出，科学知识是一种无情感的知识，是对自然的一种"劫取"，但想象的文学依然保留着直觉与情感，并借原型的力量产生出人类所面对的基本生活状况以及与之相应的情感要素。他们的研究说明，原型批评已不再局限于从古代神话中提取模式，也可以结合社会和历史兴趣，从现当代作品中发现具有文化特征的神话和原型，上升为具有强大理性透视力的文化批评。

还有一派侧重原型的语义学和语用学方面的研究，他们从语言、意象、象征的角度研究原型的意义发生和演变，或者研究原型在具体作品中的语用功能和修辞学意义。代表人物有美国的哲学家威尔赖特（P. Wheelwright），著有《燃烧的源泉》（1954）、《隐喻与真实》（1962）。他认为，原型是一种跨文化的符号，其普适性的意义来源于人类感觉和联想的共通性。还有一位是英国的大卫·洛奇（D.

Lodge），著有《小说的语言》（1966），该书成功吸收了原型分析的长处，"成功地沟通了语言分析与文学欣赏、评价之间惯有的分歧"。

以上四个分支分别从宗教仪式、文艺心理、社会文化、语言象征等角度研究文学作品中的原型意义，各自做出了卓越的贡献，但也都存在着某些不足。

3. 原型批评的特征与不足

原型批评具有宏观性、系统性、重认知和轻判断几个特征。原型批评以人类学的理论和视角为基础，其核心方法是"远观"（Stand back），是一种宏观的全景式的文学眼光。它要求把文学的各种现象，包括题材、体裁、主题、结构甚至作品名称等，放到文化整体中去考察。"远观"的另一层意思是，把单个文学作品的研究放在整个文学大系统中，即一部作品、一个主题、一个意象、一种结构，只有在历史的形成的文学总体中才能真正透彻地理解。因此，原型批评对文学传统高度重视。"原型批评的发展在一定程度上正体现着现代科学的系统方法向文艺学的渗透。""重认知轻判断的要求反映了文学批评向学术研究深度进展的趋势，但将理解与价值判断完全割裂和对立起来的做法，同时也是原型批评本身局限的反映。"①

4. 原型批评在我国的发展

原型批评二十世纪八九十年代传入中国以来取得了不菲的成就。如早期的述评性研究；之后的深入挖掘、批判反思、试图改造整合；并有学者结合我国的有关理论，从本土化的角度对其进行解读和补充；其中文学人类学的努力建构成效显著。国内的原型批评也存在着机械比照和武断定论、"原型"等核心概念不清晰、过度重视文学人类学研

---

① 叶舒宪. 神话—原型批评（增订版）[M]. 西安：陕西师范大学出版社总社，2012:（导读）27-28.

究等方面的不足。因此，原型理论在我国的广泛接受，并不意味着有关理论已经完美无缺，它的渐渐沉寂也并不意味着其价值已经失去。对于理论本身来说还有许多基本问题没有解决，原型理论的相关价值也并没有得到充分的挖掘，因而仍然值得我们进一步努力促进原型批评理论的完善，推动此领域的文学研究持续向纵深方向发展。这部分内容可参看夏秀的博士论文《原型理论与文学活动》①，本书不再赘述。

2.4.3 《聊斋志异》的原型研究

荣格把人格分为意识、个人无意识和集体无意识三层，认为个人无意识的内容大部分是情结，集体无意识的内容则主要是原型。原型是人类心理经验的先在的决定因素，它促使个体按照他的本族祖先所遗传的方式去行动。人们的集体行为，在很大程度上也是由这些无意识的原型所决定的。原型有许多表现形式，但以其中四种最为突出：人格面具、阴影、阿尼玛和阿尼姆斯。以荣格的情结和原型理论来剖析《聊斋志异》中反复出现的母题、主题、原型等意象体系，可以窥见蒲松龄甚至那个时代的知识分子的无意识心理和作品的深层结构。

《聊斋志异》的原型研究始于 20 世纪 90 年代。

叶舒宪将原型分析与神话解读结合起来，认为狐、鬼、性这三者的相互关系在中国文学中是一种由来久远的原型性联系，而《聊斋志异》中以狐鬼美人形式出现的性爱女神与其说是对神话遗产的有意识继承，不如看作是男性无意识心理的原型投射。更简单地说，就是男性惯有的白日梦的呈现。女性的诸般幻化和神通，都只是为了孤独无助的男性的"我"的利益而设想出来的，是男主人公们达成其欲望的媒介、手段和工具。作者把《聊斋志异》放在中国神话体系中解读，

---

① 夏秀. 原型理论与文学活动 [D]. 山东师范大学，2007:10-15.

从文化的视角，运用原型批评、心理分析的理论进行解读："虽然不是西方的童话，却真正做到了心理学家所期望看到的那种现实与幻想、意识与无意识、自我与本我之间的象征性整合。"①

相比叶舒宪，美国人杨瑞的原型研究更侧重心理学层面的分析。他借用荣格的集体无意识和影子原型的理论，从一个新的视角解读了《陆判》等一组《聊斋志异》故事，认为在这些故事中，人和鬼神存在着某种相对应的关系，如同影子一样，主人公和鬼神即他们的影子之间的关系反映了他们内心的和谐和人格的成熟程度。② 文章中的"影子原型"应该是指"阴影原型"，只是翻译不同。另外，他借鉴弗洛伊德人格构成学说和荣格阿尼玛原型理论，剖析了《娇娜》等一系列类似又各有特色的篇目，并据此对《聊斋志异》中男性形象系列的总体特征作了解释。③ 受到荣格集体无意识、母亲原型和再生主题等一系列观念的启发，他还分析了《巧娘》等系列故事中的母亲形象及其变体。④ 杨瑞在进行原型分析时，特别注重主人公和狐精、鬼神之间或和谐或紧张、纷繁复杂的互动关系，并将之与人的意识和无意识之间昼夜不息的交流、碰撞相比较，由此揭示出一些在《聊斋》故事中重复出现的母题、主题、深层结构和特殊的语言现象，如作者行文中自相矛盾或者话中有话、弦外有音的地方，并对故事中一些表面看来似乎不合情理的情节、场景提供新的解释。

进入 21 世纪以来，在《聊斋志异》的情结研究中，田劲松⑤、李开

---

① 叶舒宪. 穷而后幻：《聊斋》神话解读 [J]. 人文杂志，1993(04)：107-117.

② 杨瑞. 解读《聊斋志异》故事中的影子原型 [J]. 北京大学学报（哲学社会科学版），1996(05)：101-107+127.

③ 杨瑞.《聊斋志异》中的"阿尼玛"原型 [J]. 中国人民大学学报，1996(06)：112-118+130.

④ 杨瑞.《聊斋志异》中的母亲原型 [J]. 文史哲，1997(01)：88-93.

⑤ 田劲松.《聊斋志异》情爱故事中的知己情结 [J]. 北方论丛，2001(04)：78-81.

拓①、曾丽容②和孟睿③等提出了"知已情结""父权情结""科举情结""'双美'情结"及"渴望关怀情结"等，以此作为小说集中表现的主题，分析作者对美好理想与自由生命精神的向往与追求。

原型研究方面，韦乐④、张金芝⑤、刘建华⑥等则分析了《聊斋志异》故事中的集体无意识和阿尼玛、阴影、人格面具等原型。王伟⑦提出，原型与作家个体心理息息相关，《聊斋志异》中美丽而大胆的狐精形象的出现，是与蒲松龄悲愁孤寂的个人命运紧密结合的。蒲松龄一生潦倒穷愁，物质生活极为匮乏，而他生命力旺盛时期又都在离乡背井的馆塾中孤独地度过，物质与伦理生活的双重匮乏是他独特的个人遭遇。而其时，封建婚姻制度已经成为青年男女自由选择婚配的最大障碍，蒲松龄把时代情绪与个人独特人生体验完美结合，从而塑造了自由开放、大胆泼辣的狐精形象系列。

王立杰的硕士论文《从〈聊斋志异〉故事看蒲松龄的潜意识世界》（2011）探索了《聊斋志异》中四个阶段的阿尼玛过程：《画皮》描写了肉体的第一个阶段的阿尼玛原型形象，它让我们看到了男人潜意识的阿尼玛所具有的超强诱惑力，以及对婚姻的破坏力；《婴宁》描写了一个少

---

① 李开拓. 从悍妇形象的塑造看蒲松龄的父权情结 [J]. 蒲松龄研究，2007(01)：68-74+157.

② 曾丽容. 同枝异花 各擅其妙：论蒲松龄《聊斋志异》中的双美情结 [J]. 蒲松龄研究，2013(02)：75-85.

③ 孟睿. 论渴望关怀意象在《聊斋志异》创作中的体现 [J]. 兰台世界，2013(15)：143-144.

④ 韦乐. 从心理的深层窥探《聊斋志异》之人狐恋情 [J]. 宝鸡文理学院学报（社会科学版），2004(04)：70-74.

⑤ 张金芝. 论《聊斋志异》中的人狐之恋 [J]. 经济与社会发展，2005(10)：157-159.

⑥ 刘建华. 集体无意识视角下的《聊斋志异》[J]. 忻州师范学院学报，2010，26(04)：46-49.

⑦ 王伟. 中国狐精原型论略 [J]. 蒲松龄研究，2007(02)：132-143.

年和其清纯浪漫的阿尼玛相遇相知到融合的完美画面，是第二个阶段的
阿尼玛；《娇娜》描写了一种有帮助和拯救能力的阿尼玛形象，呈现了孔
生和自己的阿尼玛融合和互相吸引的过程，是处于第三个阶段的阿尼玛
原型形象；《红玉》描写了一种像大地母亲的智慧的阿尼玛形象，红玉起
到了母亲、守护者和妻子的不同作用，是处于第四阶段的阿尼玛原型形
象。"阿尼玛是荣格用来形容男人内在的女性存在的原型意象，他曾经描
述了阿尼玛发展的四个阶段，不同的阶段有不同的形象：夏娃—海伦—
玛利亚—索菲亚。作为夏娃的阿尼玛，往往表现为男人的母亲情结，海
伦则更多地表现为性爱对象，玛利亚表现的是恋爱中的神性，索菲亚则
像缪斯那样属于男人内在的创造源泉。"①据此推理，《婴宁》是夏娃阶段
的阿尼玛，《画皮》则应该属于海伦阶段的阿尼玛，《娇娜》是玛利亚阶
段的阿尼玛，《红玉》是索菲亚阶段的阿尼玛。虽然论文中的分析有待商
榷，但研究者能将《聊斋志异》故事中的阿尼玛原型分类、分阶段进行
深入探讨，相比前人的研究有了新的进展。

　　"心理学是一门独立的学科，以其中某些流派的理论、方法和技
术，研究《聊斋》这部文学巨著，学科兼容的程度，研究者自身的学
识修养，理论使用的是否恰当，这些都决定着研究的价值和学术成果
的可信度。"②《聊斋志异》的心理学研究虽然取得了较多的成绩，但也
存在着简单套用心理学理论、片面理解心理学理论、混淆文学研究与
心理学研究等几个方面的缺陷，这些不足同样体现在《聊斋志异》的
原型研究中。如，在关于《聊斋志异》的阿尼玛、阴影、人格面具等
原型分析的一些文章中，作者主要是从文学的角度着笔，只在分析的
过程中简单套用了这些概念和词汇，并没有运用这些理论深入分析；

---

① 申荷永．心理分析：理解与体验 [M]．北京：生活·读书·新知三联书店，2004：133．
② 周彩虹，吴和鸣．《聊斋志异》心理学研究综述 [J]．社会经济发展研究（澳门）．2015（1）：094-103．

有关"知已情结""畏恋情结"等的说法都缺乏足够的理论支撑。又如，有的研究者心理学理论掌握得十分纯熟，在研究过程中严格按照原型等心理学理论的概念、方法，对《聊斋志异》文本进行精准的解剖，仿佛握着一把手术刀，务必要穷尽其每一个关节，把文学研究变成纯粹的心理学研究。这种做法有削足适履之嫌，也是不可取的。

《聊斋志异》的心理学研究包括原型研究，需要遵循一个基本原则：既立足文本，以心理学理论为工具，解读和呈现文本内涵的丰富性、复杂性和多样性，又不可忽视了文学作品审美的特点，否则便是缘木求鱼，徒劳无益。其实，任何针对《聊斋志异》的心理学研究，都应该立足于小说文本，浸泡其中，并对于阅读的认知与体验进行反复提炼，在此基础上，引入心理学理论加以说明和解读。

2.5　研究方法

本书结合了结构主义研究方法、扎根理论及原型分析作为自己的研究方法与方法论。首先，以结构主义的方法对《聊斋志异》狐狸精小说进行结构分析，并在分析深层结构基础上研究《聊斋志异》的主题特点。同时结合扎根理论，对《聊斋志异》文本进行开放性、选择性及理论性编码，形成研究结论。最后，运用以分析心理学为基础的原型分析展开讨论。

2.5.1　结构主义

"结构主义不是一门哲学，而是一种方法论。"（D.C.：结构主义，1981）结构主义文学理论认为文学的本质不在于文学本身，而在于文学各要素之间的结构，以及构成文学各要素之间的、使文学得以形成的关系系统，换句话说，结构即是本质。如茨维坦·托多洛夫所言："结构分析的实质基本上属于理论性和非描述性的；换句话说，这种研究的目的从来不是对某一部作品的描述。作品将被视为某个抽象结构的表现，仅仅是实现这个抽象结构的一种可能；而对那个结构的理解才是结构分析的真正目的。"①

总体说来，结构主义文学理论将其研究内容分为一些结构成分，并从中找出各种不同关系，如对立的、排列的或转换的关系。"具体讲来，就是把结构成分分为历时和共时，横组合和纵组合，语言和言语，代码和信息、所指、能指与意指以及秩序与序列的关系。"②

语言学家索绪尔(Saussure)等所代表的结构主义方法包含了以下基本要素：其一是从对"语言(Langue)"和"言语(Parole)"的区分中引发出重分析结构的方法。其二是从对能指和所指的区分中引发出对"意义"的追求。其三是从对共时分析的追求引发出在特定时空中的定性研究法，是一种"快照特写法"。与历时性不同，所谓共时性是指"沟通人与人共存关系的逻辑和心理联系，从而形成体系，这些是集体共同意识所能觉察到的"。

结构主义传统的研究对象就是民间童话，如普罗普和格雷马斯等人的理论与方法正是在对童话、神话、民间故事等叙事作品的分析的基础上总结出来的。《聊斋志异》的文本相当一部分取材于民间故事，适合进行结构分析。

在本研究中运用结构主义方法，主要做了两方面的工作。

1. 结构分析

格雷马斯提出了契约性、表演性及分离性三种结构形式：

---

① 茨维坦·托多洛夫.叙述的结构分析[M].盛宁，译.// 王逢振等编.最新西方文论选[A].桂林：漓江出版社，1991:123.

② 董学文.西方文学理论史[M].北京：北京大学出版社，2005:431.

契约性结构，总的特征是，契约的建立和中止，离异和／或重新统一，等等。

表演性结构，包括艰难的考验，斗争，任务的执行情况，等等。

分离性结构，包括迁移，离别，到达，等等。[①]

分析《聊斋志异》文本，在以上三种结构中，可以发现《聊斋志异》的狐狸精故事文本主要是分离性结构形式。

2. 主题分析

二项对立是索绪尔语言学重要的一种分析方法，也是结构主义重要的思维方式。卡勒说："其实，结构主义分析中最重要的关系又最简单：两项对立。语言学的模式也许还有其他的作用，然而有一点却是确凿无疑的，那就是鼓励结构主义者采取二项式的思维，在研究的各种素材中，寻求功能性的对立形式。"[②] 在《聊斋志异》的狐狸精小说中我们发现一系列的二项对立，如相遇与分离，作祟与捉狐等，通过分析这些冲突，我们进而探讨《聊斋志异》狐故事的主题。

2.5.2　扎根理论

社会科学研究领域的两种主要的方法论，分别是量化研究与质性研究，前者是一种自上而下的研究范式，具有结构性的研究假设，通过演绎将数据进行统计分析，而获得具有概括性和普适性的结论；而质化研究是一种自下而上的研究范式，是反思的自我，互动的主体共同在多样而模糊的描述性数据中，以归纳的方式提出具有情境性和翔

---

① 特伦斯·霍克斯. 结构主义和符号学 [M]. 翟铁鹏，译. 上海：上海译文出版社，1987：95.

② 乔纳森·卡勒 (Jonathan Culler). 结构主义诗学 [M]. 盛宁，译. 北京：中国社会科学出版社，1991：37.

实性的理论假设。[①]

扎根理论创始人格拉泽（Glaser）认为，扎根理论研究方法论是既不属于质性研究也不同于量化研究的一套独立的方法论。在具体操作上它既容纳传统质性研究的方法又相容量化研究的数据。这一点集中体现在扎根理论对研究资料的态度："All is data（一切都是资料）。"[②]。数据可以来自不同的研究方法、不同对象的观点或历史信息、个人经历。扎根理论研究者总是在许多视角（数据）的基础上形成一个视角（a perspective on perspectives），其目的在于形成一个可以解释实质领域中某种关注得以持续解决的理论。

扎根理论的具体研究方法是编码，在扎根理论研究方法论中，是指通过对事件之间和事件与概念的不断比较，从而促成更多的范畴、特征的形成及对资料的概念化。开放性编码是指前期阶段，在确定对一个中心范畴和其特征编码（也就是选择性编码）前，不断比较分析。选择性编码是指，由数据分析者确定的，只是对那些可以和中心变量在某一个既简单又紧凑的理论中有足够重要关联的变量所进行的编码。而理论性编码（theoretical coding）是指实质性编码（substantive codes）。实质性编码指的是，反映被研究的实质研究领域中的一个理论的范畴及其特征，包括开放式编码和选择性编码，它们用作构造概念化的理论之间的自然呈现的结构，是概念化实质性编码之间隐形的相互关系，可作为相互连接多变量的假设，它们是自然呈现的，穿插于文本之中，形成概念，然后形成一个完整的理论。

本文扎根理论的研究程序的步骤主要引用 Pandit（1996）的整理

---

① 马克斯威尔. 质的研究设计：一种互动的取向 [M]. 朱光明，译. 重庆：重庆大学出版社，2007.

② Glaser B G. (2001). The grounded theory perspective: Conceptualization contrasted with description. Sociology Press.

（陈昺麟，《勤益学报》第十九期）。Pandit 将扎根理论的研究程序整理为以下五个阶段、九个步骤，本文将根据实际需要有所取舍和修正，具体如下。

1. 第一个阶段（phase Ⅰ）：研究设计（research design）

第一个步骤（step 1）：文献探讨（review of technical literature）

本文在先期准备阶段就已经进行了大量的文献探讨工作。

第二个步骤（step 2）：立意取样几个典型个案来做（selecting cases）

本研究在全面展开 82 篇狐小说的编码之前，首先完成了若干篇狐小说的个案，对研究进行先期的验证。

2. 第二个阶段（phase Ⅱ）：收集资料（data collection）

第三个步骤（step 3）：设计严谨的数据收集方法（develop rigorous data collection protocol）

第四个步骤（step 4）：进入研究场所（entering the field）

本研究确定选定《聊斋志异》中的 82 篇狐小说为主要的研究资料。

3. 第三个阶段（phase Ⅲ）：资料整理（data ordering）

第五个步骤（step 5）：资料整理（data ordering）

数据整理包括笔记、记录和建文件等，事件可依时间先后来排序，以帮助数据的分析。

本文将根据狐小说在《聊斋志异》中出现的顺序进行阅读、记录和建文件。

4. 第四个阶段（phase Ⅳ）：资料分析（data analysis）

第六个步骤（step 6）：分析第一个个案（case）的资料（analyzing data relating to first case）

Pandit 提出数据分析的程序包括开放式编码(open coding)、主轴编码(axial coding)和主题编码(selective coding)三种编码，本文则采用前文提到的开放性编码、选择性编码和理论性编码，两者内涵相同，只是名称有异。

第七个步骤（step 7）：理论取样（theoretical sample）

在第一个狐小说个案的数据经由开放性编码、选择性编码和理论性编码三个步骤分析后，用归纳和演绎等方法形成初步的理论，然后继续分析第二个狐小说个案的资料，看第一个个案所形成理论模型能否吻合第二个个案的资料分析结果，否则则以第二个个案的资料分析结果所形成的理论模型与第一个个案所形成的理论模型做比较、修正，以构成更完整的理论模型。以此类推。

第八个步骤（step 8）：形成理论饱和（reaching closure）

以几个典型的狐小说个案的资料分析所找出、形成的初步理论，再找新的狐小说样本来考验（test）这初步的理论，并做修正。如果理论能吻合需求，即称之为理论饱和。

5. 第五个阶段（phase Ⅴ）：文献比较

第九个步骤（step 9）：导出的理论与既存的文献做比较

如果导出的理论与既存的文献是有所冲突的，这样的比较修正，有助于整个研究构想的改进，进而提升内在效度；相反地，如果导出的理论与既存的文献相类似，这样的比较，有助于研究发现普遍化的推论，而提高研究的外在效度。

笔者不断研读、比较文本，撰写备忘录，逐步通过开放性编码，去确定选择性编码，再确定理论性编码，最终形成假设。

研究者对 82 篇狐小说的每一篇文本都进行了详细的编码和结构分析。根据扎根理论进行编码，首先是开放性编码，即在阅读文本的初期阶段，在确定对一个中心范畴和其特征进行选择性编码前，不断比较分析；接下来进行对那些可能与中心变量有重要关联的变量进行选择性编码；编码的过程中还会撰写备忘录，将对文本的直接感知、触发的灵感、相关的思考等记录下来。与此同时，对每一篇文本进行结构分析，发现了此类小说普遍具备人与狐由相遇到分离的分离性结构的基本结构模式。具体样例如下：

文本	结构分析	开放性编码	选择性编码	备忘录
婴宁（略）	相遇、变故、分离、重逢	出身、为人、所工、家教、经历	出场、身份信息	逐步呈现他人身份，先期交待与行为验证
		路上、村外、不得归、寄寓	现场	不得归、偏离常态、落拓。构成现场的原因。
		进入，引入，游女如云，有女郎携婢、拈梅花一枝，审……官阀、门第	相遇、远近	镜头：远观到近看、审问。可翻阅、接近、接触
		情感反应（从心理、语言、行为） 劝喻、建议 请求（给予） 婉拒（立项、意向） 一个项目（教育） 深入、开放信息	回馈	从现场到故居，以狐为中心，一个逆向的讲述
		以童子、佣过渡，狐群（狐狸家族）， 权威（媪聋聩不闻）， 权威出场，权威表态、认可，托付、项目合同	引见	更加纵深。家长失察、失聪、失语。表面上的管理、貌似尊重/给予的位置——自我责任。权威的礼仪、外交功能：符号化/权威与秘密，历史学家

其他的篇目也基本以此种方式进行编码和分析。在此基础之上，研究者还进行了更为详细和系统的理论性即实质性编码，如在原始编码的基础上继续分为"作祟""治病""代际传递""相遇情境""狐的居所""人的状态"等对研究具有关键意义的类别。

2.5.3　原型分析

前文已大致介绍了原型批评理论的起源与发展，下面我们从分析心理学的角度谈谈作为本书研究方法之一的原型分析。为了跟传统的原型批评有所区别，突出本书的心理学特点，我们提出另外一个概念——原型分析。它是指把分析心理学中的原型理论运用于对文学作品的研究，以发现作品中描述的独特意象和特殊结构中隐含的心理意象和心理结构。

文学作品以人类的物质和精神生活为主要描写对象，人的心理现象是其中最重要的内容之一，包括人的意识和无意识。其中神话的、幻想的作品中包含了大量的集体无意识和文化无意识内容，对这类作品进行深度心理分析，揭示其体现的社会和时代心理特征，发现其独特的民族心理内涵及其动态发展演变，探析其对现代社会中人的心理和行为的影响，既有益于临床心理治疗，也是对传统优秀文学作品的文化和现实意义的一种挖掘和探索，在某种意义上，还可以推进文学作品的心理学研究。

1. 原型分析与原型批评的异同 [①]

首先，二者"原型"概念不同，分别指心理原型和文学原型。弗莱在《批评的剖析》中关于文学原型概念的表述："一个典型的或者反复出现的意象""具有相对稳定性的文学结构单位"，着眼于文学形象

[①]　郭芮彤，周彩虹. 夸父意象的原型分析 [J]. 河南教育学院学报（哲学社会科学版），2017，36（04）：23-28.

表征内容。而荣格提出的心理原型（archetype）指的是没有内容的心理模型，特指生发于原始心灵、在人类心理发展的历史长河中重复出现、沉积于现代人心理中的经典的和纯粹的形式。这些心理形式或心理模型在神话研究中被称为"母题"；在人类心理学中，它们与列维－布留尔的"集体表象"概念相契合，艾伦伯格则称之为"原型本体"（archetype proper）。

原型（本体）的内容是原型意象。对于现代人而言，心理的"原型会在一切典型的情景中被唤醒，因此与日常经验是密切相关的"；原型意象"是联系原型与意识的中介……可被理解为是原型的被激活和与集体无意识的相通，它是原型以某种形式对后天意识经验的一种期待结果或匹配的结果"。一种心理原型（形式）可由多种原型意象（内容）来体现，某一种意象可含有几种心理原型。如狐狸精、鬼怪、妖魔都可以算是体现阴影原型的意象内容；但狐狸精这一意象既有阴影原型的特征，也有阿尼玛原型甚至智慧老人的意义，这在本书中将有所论述。

申荷永教授将心理原型与"道"类比，"惚兮恍兮，其中有象；恍兮惚兮，其中有物；……自今及古，其名不去，以阅众甫。吾何以知众甫之状哉？以此"。心理原型和"道"本质同为生发万物的原初状态，都"具有对立统一和整体性的特征"。心理原型特指生发于心灵内部世界的"道"（形式），虽不是清晰、确定的实体，却可承载"象"与"物"（内容），从古至今，是现代人心理结构的源头和基底，是无意识心灵语言的终极编码。

其次，原型批评服务于文学审美和创作，旨在还原文本象征的物理现实——或称外部现实、客观现实；原型分析则服务于研究个体或群体心理结构、模式与心理治疗，倾向于还原文本象征的心理现实——或称内部现实、主观现实。

　　众多心理学家为探寻现代人心理结构中的文化心理内容，追根溯源到原始人那里。威廉·冯特晚年在他的最后一部著作《民族宗教心理学纲要——人类心理发展简史》中谈道："我们的第一个任务是对原始人的研究。以民族学所提供的资料为基础，对原始人的思维、信仰和行动，做出心理学的解释。"①。弗洛伊德在《图腾的禁忌》中聚焦原始心理，为其个体无意识理论寻找证据。荣格通过研究各国神话及考古材料发现世界各地人类的原始心理有许多共通之处，认为"神话是原始心理的表现"，在由个体经历形成的个体无意识之下还存在集体无意识，由遗传获得，是我们出生时已具有的人类共同的、普世性的心理基础，以原型为基石。汉德森进一步提出，处于集体无意识和个人无意识之间还存在着一种文化无意识，它"是集体的文化模式的一部分，通过我们的环境传递在我们的意识自我能够肯定其正确性之前就已经传递"。它是文化心理结构中的基础内容、文化行为的源泉。"主要内容是文化原型（或称定型）"②，与原型的普世性不同，文化原型具有特定的民族差异性，由特定的文化意象表征。本书研究的狐狸精意象就是这样一种文化原型，从某种意义上来说，它丰富的内涵和象征意义是中国文化独有的。

　　总之，原型批评本质上属于文学研究，而本书对中国狐文化的心理分析则属于心理学研究的范畴。但是，因为研究对象是经典的文学作品，在研究的过程中，本书借鉴了文学的原型批评方法，并吸收、整合了相关的研究成果。

---

　　① 威廉·冯特.民族宗教心理学纲要：人类心理发展简史 [M].陆丽青，等，译.北京：宗教文化出版社，2008：7.

　　② 张敏.论文化无意识及其临床心理治疗的意义 [J].中国临床心理学杂志，2010，18（06）：823-825.

2. 本书中的应用

本书运用了原型分析的方法研究我国的狐文化，具体而言就是，我们试图从对《聊斋志异》的 82 篇狐狸精小说文本的心理分析和原型研究中，发现文本背后隐藏的深层心理结构和心理内容，解读它们对作者和那个时代人们的心理和社会的意义，甚至对当代人们的心理影响以及启发意义。

在前期准备的过程中，笔者大半年的时间都浸泡在小说文本之中，不断增加自己的阅读体验。文学作品原型心理分析的一个突出特点是追求心理学研究的系统性，但并不忽略文学阅读经验。相对于结构主义和其他形式主义文论来说，这是文学原型分析的一个很大的优点，也是符合文学研究的对象——文学作品的自身特点的。对于文学原型理论和心理分析的实践来说，其对象是文学，其起点就是具体的阅读经验，是对于原型的"体验"，反之，无论是文学原型理论本身还是分析实践就都失去了落脚点。一次完整的文学原型分析的过程包括阅读和分析两个阶段。评论者的阅读经验是分析的重要组成部分，是分析的前提和基础。失去这个基础，就不再是文学的原型分析。对于原型分析来说，文学经验甚至包括分析者的生命体验都是不可缺少的。

文学作品的原型研究在梳理、归纳原型的基础上，可以进一步在两个方向上获得更深入的发展，即横向研究和纵向研究。所谓横向研究就是在不同文学系统中对某一共同原型进行比较研究，以期达到异中求同的目的，或者是在比较中发现二者之差异，以帮助更准确地把握不同文化之特色。所谓纵向研究就是对某一原型在一个文化系统中进行研究，梳理其发展演变，并力争发掘演变的原因、评价其价值和意义。[①] 本书着重在纵向深入，即对狐及狐狸精的历史展开研究，把原

---

① 夏秀. 原型理论与文学活动 [D]. 山东师范大学，2007:185.

型研究置于社会文化发展变化的背景之中。

　　经过阅读和分析，笔者将 82 篇狐小说分为三类：第一，狐狸作祟；第二，人狐为友；第三，人狐相恋。纵向考察狐狸精原始的动物性和在中国各个历史时期中的文化内涵与象征意义，横向观照明末清初社会发展的现实状况，综合考虑蒲松龄个人以及那个时代底层知识分子和民众的现实需求和心理状态，结合学术界对狐狸精故事的已有研究成果，将分析心理学中的阴影原型理论引入这 82 篇狐小说的研究中。狐祟故事是人与自己阴影的搏斗，人狐友谊是人与阴影的对话与合作，人狐之恋是人接纳阴影、获得成长、走向自性化的最高境界。人与狐的故事，就是人与自己的阴影的故事。蒲松龄借助狐狸精故事，描述了那个时代的底层中国人与自己的阴影的各种爱恨情仇，各种相遇、分离、对峙、对话，以及最终的和解与统一。

2.5.4　目的与意义

　　与阴影的相遇在人的自性化的过程中起着非常重要的作用。荣格认为，自性化的旅程呈现着某种规律性，它的标志和里程碑是标识着各个阶段的各种原型象征，而第一个阶段就通向对阴影的体验。[①] 目前学术界从心理学角度对狐狸精小说的研究主要集中于文化心理、创作心理的研究，研究的视角主要是精神分析的性心理、人的本能欲望、儿童心理、社会心理，以及原型理论中的阿尼玛原型、母亲原型等。本书则运用了分析心理学中的阴影原型理论系统分析狐狸精小说，将人与狐的关系照应为人格面具与阴影的关系，对狐小说的叙事结构，人与狐的相遇，以及相互间的各种关系、张力、动态、结局，进行全面的分析，试图通过这一类故事，探讨人与自己的阴影相遇、猜疑、

---

　　① 　J. Jacobi.(London 1946).The Psychology of C. G. Jung. 102.

对立、对话的整个过程。这是一次将分析心理学理论与文学作品和经典文化意象——狐狸精意象结合起来进行的研究。

本书首次以《聊斋志异》文本为对象，对我国的狐文化展开了系统的分析心理学研究，横跨文学和心理学两个领域，是在《聊斋志异》研究和分析心理学的本土研究中的一次期望有所突破的尝试。狐文化的魅力历久弥新，《聊斋志异》中的狐狸精故事深入人心，它们强烈地吸引着我们运用不同的方法、从不同视角进行不断的探索和研究，以使我们对这一独特的文化现象有更深入的了解，对我们自身有更深刻的洞察，对心理学本土化有更具体的理解，对心理治疗也将产生更多样的启发。

第3章
异乡的幻化

"自见者不明，自是者不彰，自伐者无功，自矜者
不长。"

——《道德经》第二十二章

　　荣格认为集体无意识主要由原型组成，原型的象征性表现为原型意象，阴影属于一种原型意象，它是超个体的，即超越我们的个人生活经验的。这种集体心理是遗传下来的，也就是说，我们一生下来就有一个心理世界，它为我们本能的心理生活做好了准备。原型是普遍存在的，一些基本的原型意象包括阴影在所有人身上均存在。阴影在人类进化史中具有极其深远的根基，它很可能是一切原型中最强大最危险的一个。它是人身上所有那些最好和最坏的东西的发源地，而这些东西特别表现在同性间的关系中 [1]。"它是个体不愿意成为的那种东西"，阴影将一切个人不愿意承认的东西都加以人格化，但也往往将它自己直接或间接地强加在个人身上。

　　狐狸，主色调为土黄色，是大地的颜色，神秘，神圣，孕育万物，得到人们的顶礼膜拜，同时又有狡狯、阴暗甚至邪恶的一面。[2] 在中国的传统文化中，狐狸介于人类和物怪之间，介于明暗之间，介于仙妖之间，界限模糊，令人难以捉摸，处于范热内普所说的"边缘状态"和特纳所阐释的"阈限"状态。这种状态往往会被人们视为危险的、令人难以控制的，甚至是会给现存社会秩序带来威胁的。透视狐精故

---

[1]　C.S霍尔，V.J诺德贝.荣格心理学入门 [M].冯川，译.北京：生活.读书.新知三联书店,1987:56-57.

[2]　吉野裕子.神秘的狐狸：阴阳五行与狐崇拜 [M].井上村，汪平，等，译.沈阳：辽宁教育出版社,1990：第三章 中国的狐狸.

事呈现的狐精形象，可以发现不管是胡人、妓女还是乞丐、雇工、杂技班子等流民，都是古代社会中的边缘群体。狐精所象征的这些群体，通常被认为是为危险的、边缘的、官方难以控制的。狐精的特性，推翻了古代主流社会的文化规范，但往往又是古人日常生活中不可或缺的。这些群体，代表了中国社会中受到社会规范抑制的声音，受到文化制约的欲望，以及官方政治压制的力量。[①]

通过对中国狐文化的考察，我们发现狐狸精这一意象具备了阴影的诸多特征。它历时久远，几乎在原始社会时就已经出现，之后的每一个时期都融入了新的时代内容，在几千年的中华文化中从未间断。它既有原始的动物性，又有人们赋予的丰富的神性、妖性和人性；它既有相对的独立性、自主性，又能够与人类交流和对话；它既有对传统道德和主流社会的冲击，又有对公平和正义的维护，只是因时代的不同具体的内容有所差异。人类憎恨它又渴望它，远离它又亲近它，崇拜它又恐惧它，可谓爱恨交加、欲罢不能。而这种心理也正是人类对待阴影的态度。狐狸精从某种意义上来说，就是我们中国整个民族的阴影。

在我国古代狐狸精题材的小说中，人类与狐狸精的相遇与互动过程，反映了认识阴影，与阴影对话，最终实现自性化的过程。当人类试图与狐狸精为敌，想要控制它，甚至杀害它的时候，常常会遭到它激烈的反抗，导致两败俱伤。但是当人类尝试与它交流，理解它的要求，接纳它、与它成为朋友甚至成为恋人的时候，一切都变得如此不同：人的财富会增加，科考会顺利，忧愁会减少，生活会更有情趣，会长命百岁，甚至成仙，总之，很多问题会迎刃而解。而这正是一个人自我成长，自性得以逐步实现的过程。

---

① 任志强. 中国古代狐精故事研究 [D]. 山东大学 . 2014.

《聊斋志异》中的狐小说是中国此类题材小说和狐文化的集大成之作，本书将通过对其 82 篇狐小说的文本分析，结合蒲松龄的生平经历，运用分析心理学原理，对上述主题展开讨论。

3.1 人及其阴影

3.1.1 狐狸精的历史

中国传统文化中的狐狸精经历了一个从动物到被神化、妖化，再到被人化的过程，狐狸精的历史，可以看成人类不断认识阴影的过程。在这一过程中，狐狸精自身的原始动物的狡猾、邪恶的一面，其作为图腾的神秘、神圣的一面，以及作为集体和个人创作时折射的时代和个人生活即人性的一面等诸多特征纷纷呈现出来。某种意义上，人类投射于狐狸精的思想与情感，反映了人对自我认识的进程。

中国的狐精形象从远古时期就已经产生，并在此后各个朝代的文化中一直存在，它既是中国文学艺术的一种母题，也形成了中国古典小说中非常重要的一个原型意象——狐意象，综观这种文学和文化原型的形成和发展过程，可以看出人格面具和阴影这一对原型意象的影子。

1.神秘的图腾：神奇与神圣

上古时期，狐不只是流连山林间的小动物，更是一些氏族的图腾。《山海经》中就有多处关于狐与狐状兽的记载：

青丘国在其（朝阳之谷）北，有狐，四足九尾。（《海外东经》）

又东三百里，曰青丘之山，其阳多玉，其阴多青【青蔓】（即青䝗，可以做颜料的一种矿物）。有兽焉，其状如狐而九尾，其音如婴儿，能

食人，食者不蛊。(《南山经》)

据李剑国先生统计，《山海经》中的狐状兽共出现了九次，可分为七种，可以理解为狐图腾，至少应该是图腾崇拜的产物。[①]《山海经》大约成书于战国中晚期，又经秦汉人增益。书中保存了不少世代积累的各部族的巫话和神话，反映了中华民族"初民意识形态之真面目"。它记载的大部分动物不是实有之物，形体比较怪异，九尾狐就是其中之一。九尾狐是一些部落崇拜的图腾，处于部落图腾神的地位，是吉祥和神圣的象征。

作为氏族图腾，狐富有神奇的灵性，具备高尚的品德。《礼记·檀弓》云："古之人有言曰：'狐死正首丘，仁也，'"[②]儒家用"仁"的学说来解释狐死首丘，说明其有德，这样狐就经过人类独特情感的参与被赋予了"仁"这种抽象的道德品格。《诗经》中有狐出现的诗有九首，这些狐意象，有的是经过作者独特情感的加工被赋予某种抽象特征，如高贵身份和地位，如《小雅·都人士》"彼都人士，狐裘黄黄"，《桧风·羔裘》"羔裘逍遥，狐裘以朝"，《秦风·终南》"君子至止，锦衣狐裘"，等等，都提及了"狐裘"，在这里狐裘不仅仅是一件狐皮大衣，更是高贵的身份和地位的象征；有的是以狐作为起兴意象，如《齐风·南山》"南山崔崔，雄狐绥绥"，《卫风·有狐》"有狐绥绥，在彼淇梁"，都以雄狐起兴，描写雄狐四处转悠，寻求配偶，这种带有性爱意味的描写将狐带进了人类的诗性幻想之中，后来文学作品中的狐性多淫和这两首诗描写的狐意象有着一定的联系。[③]

上古神话中还有一则关于大禹娶涂山氏女的神话：

禹三十未娶，行至涂山，遇一九尾白狐，涂山之歌曰："绥绥白

---

① 李剑国. 中国狐文化 [M]. 北京：人民文学出版社，2002：37.

② 杨天宇. 礼记译注 [M]. 上海：上海古籍出版社，2004：65.

③ 马月敏. 《醒世姻缘传》中的狐意象研究 [D]. 济南大学，2012.

狐，九尾厖厖。我家嘉夷，来宾为王。成家成室，我造彼昌。"因娶涂山，谓之女娇。（东汉赵晔《吴越春秋》）

关于这个神话有多种解释。一种解释，九尾白狐是当地部族崇拜的图腾，禹经过涂山，就娶了当地人的女儿女娇。另一种解释，禹经过涂山这个地方，遇到了九尾白狐，九尾白狐对他一见钟情，变成一个美丽的少女，嫁给了禹。还有一种解释，女娇爱上了禹，为了表达自己的爱意，就变成九尾白狐，吸引禹的注意，禹在追赶她的时候，她又变回了一个美丽的少女。

涂山女嫁给禹之后对大禹的事业给予很大的帮助，并生了一个儿子，就是启，她给了启良好的家庭教育，这是一个典型的贤妻良母。因为这段佳话与九尾白狐密切相关，后世小说中很多狐精就自称是涂山氏女娇的后裔。如《聊斋志异》中狐女青凤的叔父就自称"我涂山氏之苗裔也"。

仁德、高贵的象征，以及作为图腾的神圣和神秘等，这些特质构成了后来狐作为仙的要素。《聊斋志异》中的许多狐就是仁德、正义的楷模。比如广结人缘却坚决拒绝会见前世为驴、糊涂昏庸的县令的潍水狐，这是一只有气节、有原则的狐。绝大部分的狐友、狐师堪比甚至胜过正人君子，如为惧内的朋友出谋划策且深谋远虑的马介甫、于窘迫中接济朋友比亲兄弟更可靠的胡四相公。而那些与人类相恋的狐女不仅貌若天仙，更具有良好的品德，她们忠贞不渝、敢爱敢恨，她们勤劳勇敢、富有智慧，她们身上汇集了世间女子所有的优点。如《卷二·红玉》，相如与红玉的自由恋爱遭到父亲的激烈反对，二人不得不分手，善良、豁达的红玉在分手时为心上人准备了彩礼，安排了一门婚事。但后来相如家还是被恶人陷害，突逢剧变，父死妻亡，身陷囹圄，是红玉收养了他的孩子，后来又帮助他重整旗鼓，考取功名，光耀门楣。又如《卷四·辛十四娘》，冯生在鬼亲戚的帮助下，娶到美丽的狐女辛十四娘，却因自己交友不慎，惹祸上身，遭人陷害，险些丧命。狐女想尽办法帮其脱困，还提前买了少女禄儿在她离开之后给他做妻子，并留下了一扑满的钱财。又如大家都非常熟悉的小翠，她在相爱时全心全意地投入，在离开前还会为心上人安排好以后的生活。

狐在《诗经》中以比兴的方式与性爱关联，这为后世的人狐恋埋下了种子。《聊斋志异》82篇狐小说中人狐恋就有33篇。大禹的妻子九尾狐女娇的神话，则是后来那一类相夫教子、帮助丈夫成就一番事业的贤内助狐女的原型，这类故事是《聊斋志异》人狐恋故事的主流。

总之，作为图腾的狐狸，是神秘而又神圣的，它们远离人们的生活，而又能对人们的生活产生至关重要的影响。同时，图腾崇拜时期人们赋予狐丰富的正面象征意义，为后世的狐狸小说尤其是蒲松龄的《聊斋志异》塑造大量正面形象的狐狸精提供了原型的依据和广阔的想象空间。

2. 作祟的媚兽：爱恋与恐惧

受远古图腾崇拜的影响，两汉时期，在上层社会人们的意识中，九尾狐、白狐、玄狐还是一种福瑞的象征；但在民间，已经有一些狐被妖化了，成为一种妖兽。东汉许慎《说文解字·犬部》说："狐，妖兽也。鬼所乘之。有三德：其色中和，小前大后，死则丘首。""有三德"说明汉人还有狐为瑞兽的观念；"妖兽""鬼所乘之"则说明当时狐已经沦为妖精了。其实这种征兆在先秦时期就已经出现，如上文所述《诗经》中关于狐两类形象的描写。

六朝时期出现了"媚兽"的说法，"妖"和"媚"成为狐新增的两种特性。两晋以来，人们开始认为狐精能够变化成人形。"狐五十岁能变化为妇人，百岁为美女。""善蛊魅，能使人迷惑失智。""千岁之狐，起为美女。"（东晋郭璞《玄中记》）《搜神记·阿紫》记述了一个狐精阿紫化"好妇形"迷惑人间男子的故事。还出现了一些学问渊博的学

狐——胡博士:

　　吴中有一书生,皓首,称胡博士,教授诸生。忽复不见。九月初九日,士人相与登山游观,闻讲书声;命仆寻之,见空冢中群狐罗列,见人即走,老狐独不去,乃是皓首书生。①

　　《聊斋志异》中的狐女往往貌若天仙、让人迷恋,狐男多半见多识广、风度翩翩,还有一些毛遂自荐、循循善诱教导愚笨书生的狐老师,都可窥见阿紫和胡博士的原型。

　　隋唐以来民间对狐神的信仰尤盛,《朝野金载》记载:"唐初以来,百姓多事狐神。房中祭祀以乞恩,食饮与人同之,事者非一主。当时有谚曰:'无狐魅,不成村。'"同时,狐也普遍被视为一种善于幻化、蛊惑的精怪。唐代非常盛行狐妖的说法,并流行狐神和天狐信仰。除了继续害人的男狐精和阿紫型害人女狐精的故事之外,这一时期还出现了一种全新的女狐精,淫邪之性消弭而代之以善美之性,以唐传奇中的著名狐精任氏为代表。沈既济的《任氏传》,记述了一位聪明美丽、能歌善舞,能帮助丈夫经商致富的白衣女狐。"任者,仁也。"狐之仁德的图腾意义重现,狐狸精重新回归九尾狐女娇的角色,担当起男性的贤内助。北宋刘斧《青琐高议·小莲记》中李郎中的爱妾小莲,《青琐高议·西池春游》中侯诚叔邂逅的独孤氏都是至情至义至美的狐精。

　　唐代的某些狐狸精还拥有"狐书""天书",能通天,会法术,有丹药,具有浓重的道教意味,是道教渗透影响的结果。唐代狐狸精有明显的道术化倾向,许多狐狸精被道术化了,成为精通道术法术的术狐。比如《广异记·李氏》的大狐媚惑少女,"以药颗如菩提子大六七枚,掷女饭碗中",这显然是媚药;而小狐因与大狐争风吃醋,先后用药、桃枝和符禁治大狐。同书《韦明府》中的崔狐教给其丈母烧鹊巢、

---

　　① 干宝. 搜神记 [M]. 北京:中华书局,2009:348.

持鹊头的法术，又《杨氏女》中大胡郎也通晓鹊头辟邪之术。①

蒲松龄沿用了唐代狐术士化的观念，并增加了丰富的艺术想象和虚构。《聊斋志异》中的狐狸精故事中几乎所有的狐都会法术。有的狐能与神仙沟通和交流，如为刘仲堪和甄后传递情书的狐妪，帮宗子美找回嫦娥的狐女颠当等。还有不少狐为凡人治病的情节，如娇娜"口吐红丸"、脱下金钏为孔生治疗疮病，小翠用汗蒸法治好元丰的痴病，莲香两次采药治好纵欲书生的鬼症，狐妇以"丸药"治好病入膏肓的武孝廉，等等。这些神通增加了狐狸精的神秘感，而人类也渴望从狐那里获得帮助。

黑格尔在其《美学》著作中论述古典艺术中神灵形象的变化时指出："一般地，在亚洲人中间，我们看到动物或至少是某些种类的动物是当作神圣而受到崇拜的，他们要借这些动物把神圣的东西呈现于直接观照。因此，在他们的艺术中动物形体形成了主要因素，尽管它们后来只用作象征，而且和人的形状配合在一起来用，再到后来只有人才作为唯一真实的东西而呈现于意识。只有到精神达到自觉的时候，动物生活的昏暗的内在方面才不再受到尊重。"在唐以后的小说中，幻化为人形的狐精完全带着人的外貌和情感，追求人应当获得的美好东西，至于其"昏暗面"常被小说作者置于心灵之外，使读者觉得它再不是异物可憎。②

"阴影在人类进化史中具有极其深远的根基，它很可能是一切原型中最强大最危险的一个。它是人身上所有那些最好和最坏的东西的发源地。"③狐狸精中既有迷惑人类、害人性命的妖狐、恶狐，又有与人为

---

①　李剑国.中国狐文化[M].北京：人民文学出版社，2002：103.

②　王振星.中国狐文化简论[J].齐鲁学刊，1996(01)：40-42.

③　C.S霍尔，V.J诺德贝.荣格心理学入门[M].冯川，译.北京：生活.读书.新知三联书店，1987：57. 学杂志，2010，18(06)：823-825.

善、助人为乐的仙狐、义狐。狐狸精如同阴影一样，集最好的和最坏的于一身，让人又爱又恨。

3. 相邻的异族：人情与人性

明代道教盛行，道教理论向狐妖系统转移，民间狐仙观念逐渐明确，并走向分化：一方面，在一些小说中，狐精被极度丑化；另一方面，官方和民间越来越崇拜狐仙。

狐精的形象内涵是随着文学的发展而不断地得以丰富和发展的，并成为中国古典小说作者思想倾向的物化对象，是人们寄寓某种思想感受的载体。这在长篇章回小说中也可以看到。元末明初的罗贯中，在《三遂平妖传》中引述《玄中记》狐狸变美女惑男、变丈夫诱女的说法，称诸虫百兽"算来总不如狐狸成妖作怪，事迹多端"，演出了狐妖圣姑姑、胡媚儿、左瘸儿三人兴妖作怪的一部大书。作者基于封建正统思想，把北宋年间王则领导的农民起义说成是妖、是邪，对起义领袖大加污蔑。这样狐精在古典长篇小说中一开始就成了恶的代表，失去了其形象的神圣光圈。在明代神魔小说中，狐精依然戴着美女的面纱，闪现出怪异的色彩。如《西游记》中写南极仙翁的梅花鹿所变的老道士，献"美后"白狐精，以色迷惑比丘国王，以致误国害民。在《封神演义》中，殷纣王的宠妃妲己被写成一个狐狸精，作者着意刻画了她的妖媚险毒、左右纣王、干扰国政、招致亡国的一串劣行。在揭露统治者荒淫无耻的同时，又把一顶"女色亡国"的帽子牢牢地套在了狐精们的头上。在清代《醒世姻缘传》中，狐精仍被视为破坏封建伦理道德的"祸水"女子。狐精在中国古典长篇小说中，由纯情少女一变而为亡国破家的祸首，是狐精形象内涵的一大转变。

到了清初，狐仙信仰已经非常普遍。《聊斋志异》中的狐常常自称"狐仙"，人们在知道了其真实身份之后，也往往"惊为仙人"。尹庆兰的《萤窗异草》、袁枚的《新齐谐》等笔记小说中都记载了大量关于狐妖狐仙的故事，其中纪昀的《阅微草堂笔记》中最多。清代故事中的狐精性格各异，个性十足。文人多借狐写人，并发出人不如狐的感叹，劝诫意味十分明显。值得注意的是，清代民俗宗教和笔记小说中的狐不再总是以媚人、祟人的面貌出现，而带上种种善性。《聊斋志异》便是其中的佼佼者。鲁迅在《中国小说史略》（1989）中这样评价它：

明末志怪群，大抵简略，又多荒怪，诞而不情，《聊斋志异》独于详尽之外，示以平常，使花妖狐魅，多具人情，和易可亲，忘为异类。

蒲松龄以"花妖狐魅，多具人情"的审美态度，以唐传奇的笔法融入志怪小说，把自己对社会人生的思考、对美好爱情婚姻的向往、对理想女性的讴歌，融入小说创作中，塑造了大量富有人情美和伦理美的情狐、仁狐、义狐的形象。"和易可亲，忘为异类"是蒲松龄所描写的狐精之所以美丽的地方，这一特点，使此书的狐精有别于以往志怪小说中的异类。

蒲松龄细致刻画了狐精的喜怒哀乐、悲欢离合，让人们几乎忘记他们异类的身份。尤其是狐女的塑造，堪称经典。如：激励丈夫刘赤水发奋读书考取功名的凤仙，慧眼识英雄（张生）的青梅，胆识过人、拯救因轻脱好酒交友不慎而落难的丈夫的辛十四娘，虽沦落风尘却对爱情忠贞不渝的鸦头，诙谐幽默性格爽朗的狐女（《卷四·狐谐》），天真单纯爱花爱笑的婴宁，活泼开朗聪明机智的小翠，等等。她们纯洁善良，痴情专一；她们乐于助人，与人为善；她们惩恶扬善，讲究道义。作者在这些异类身上倾注了无限的情思，让人明知是狐，却感觉比人间女子更可爱。"能与分苦，然后可与共甘，此之谓贤内助。"这些狐精都延续并发扬了远古时期涂山氏女娇和唐传奇《任氏传》中狐精任氏的传统，是男性梦寐以求的贤内助，是最美好的女性形象的代表。

另外《聊斋志异》中也塑造了一批外形俊美至情至义的男狐狸精。如"容服都雅"的少年狐男马介甫帮助有"常季之惧"的义兄杨万石惩罚和应对悍妻，在发现义兄已无可救药之后毅然放弃，却带走了他的侄子令其接受教育并考上举人，还找回了他流落异乡的老父亲，最后他们全家团圆，重新过上了幸福的生活。(《卷六·马介甫》)寓居朝天观的狐翁预知将来有灾难发生，特地赶回去告知道士好友，劝其离开避难。(《卷一·灵官》)"家不中资"而好酒的车生善待醉酒后同榻共卧的狐精，遂成为好友并经常邀请其喝酒，后得到狐的帮助致富。(《卷二·酒友》)此外还有周三、胡四相公等与人类为友的狐男。

总之，清代狐狸精更加人性化，清人对狐狸精的态度更为虔诚和亲近，狐狸精俨然已经成为可以与人类比邻而居的师友，与人类共患难同进退的爱侣，满足人类的多重心理需求。

"狐文化前期是图腾文化和符瑞文化，后期是妖精文化，妖精文化是主要方面。作为妖精，狐妖是庞大妖精群中无与伦比的角色，堪称妖精之最。这不仅仅是因为在妖精传说体系中狐妖所占比例最大，更因为狐妖经历了最为复杂的演变过程，曾以最尊贵的地位（对诸妖而言）受到持久的尊崇，这就是狐神崇拜和狐仙崇拜。而在这中间，狐妖不仅体现出一般意义的宗教观念，例如所谓'物老为怪'等，更包含着许多为狐妖所特有的宗教观念，以致我们可以用狐妖观念、狐仙观念之类的概念来概括关于狐的变化、修炼等特殊内容。在狐妖身上也非常特殊地体现着中国人的伦理观、女性观，等等，折射着不是对狐而是对人的认识和评价。"①

这样，狐狸精从涂山走来，从远古的《山海经》走来，历经秦汉唐宋元明，直到清初蒲松龄的《聊斋志异》的出现；从最初的图腾祥瑞之物到逐步沾染上了妖异色彩被丑化，到向神性回归，成为狐神、狐仙，再到被高度理想化，成为人世间至真至善至美的化身。这个过

---

①　李剑国. 中国狐文化 [M]. 北京：人民文学出版社，2002:2-3.

程蕴含了中华民族不同时期的文化积累和文化需求，促成了中国普通民众追求美好理想、幸福生活的一个母题、一种原型。而中国人在狐狸精身上投射的阴影也在蒲松龄的笔下与人格面具、道德等层面进行了整合，实现了某种程度的自性化。

在梳理了狐狸精产生的背景与发展的历史之后，下面笔者将结合《聊斋志异》对狐狸精从阴影原型的视角进行分析。阴影的含义可以从个体、集体、原型三个层面上来理解：

（1）个体层面

阴影来自个体生活的被压抑的幻想、愿望、冲动和观念等。本书第一部分谈到，蒲松龄在 19 岁童生试以县、府、道三个第一考上秀才之后，其科考再也没有高中过，终身主要以坐馆即当家庭塾师的方式赚取微薄的薪资支撑家用。仕途不顺，生活拮据，处于士人阶层的最底层。生活窘迫，清斋寂寞，内心孤傲的蒲松龄不肯低头，不愿求人，便将对社会现实的不满、对美好生活的向往诉诸笔端。蒲松龄本人学识素养极高，又极富文学天分，于是大批狐狸精形象的优秀篇章就出现了。《聊斋志异》中的狐狸精小说，有些反映的是作家对科举夺魁、拥有财富的渴望，有些表现了作家对心心相印、忠贞不渝的爱情的向往，有些传递的是作家对肝胆相照、生死相托的友情的憧憬。这些理想在蒲松龄甚至那个时代的底层知识分子的现实生活中，是相当匮乏的，是被极度压抑的，它们以阴影的形式存在于这一群个体的无意识中。只是，在蒲松龄的笔下，这些阴影以狐狸精小说的形式表现出来，得到现实层面的人格一定程度的认可与整合。

（2）集体层面

不是起源于个体的权力、贪婪、仇恨，而是一种新时代的欲望。从 16 世纪开始，中国社会在政治、经济、文化各领域发生了巨大的变革，传统宋明理学那一套约束人性的价值观念和道德体系受到冲击，社会风气为之一变，思想解放、个性自由。士农工商，四民平等，不分贵贱，各显身手。人们不再单纯执着于科举与功名，也开始追求经商致富，甚至享受生活，求色求情与求财求助成为广泛的社会民众心理。（杨国枢、余安邦，1992）这样的时代需求催生了《聊斋志异》，也催生了这82篇狐狸精小说。在这些小说中，人们对财富和权力的追求，对俊男美女的欣赏，对奢华生活的向往，甚至对成仙得道的倾慕，都无所顾忌地呈现出来，这些已经不只是像蒲松龄这样的底层知识分子的梦想，而是整个社会各阶层的普遍需求。

（3）原型层面

原型层面通常是指邪恶和绝对邪恶、魔鬼、男女诸神、神话和史前期的东西（哈里·A. 威尔默，杨韶刚译，1998）。狐狸精意象蕴含着我国史前的、神话的元素，它的动物性有邪恶的一面，人们对它们有着既崇拜又敌视、既渴望又抵制的矛盾心理，这也是人们对待阴影的态度。这一点在下文将详细论述。

另一方面，阴影的两个特点在狐狸精原型中亦有充分的体现。

第一，原始动物性。由于阴影的隐秘性，因此它比任何其他原型都更多地容纳着人的最基本的动物性。狐拥有一条美丽硕大的尾巴，精致玲珑的面庞，优雅流畅的形体；狐有昼伏夜出、谨慎多疑、机敏聪明、死后首丘的习性。自然生态中的狐活跃在黑夜里，生活在郊野中，与人们保持不远不近的距离。此外，人们还从人类的视角给予狐某些褒贬，如生性狡猾、富有智慧、有仁恩之心、有强烈的故乡情结，以及人们赋予狐其他更丰富的情感和寄托。这些将在后文持续讨论。

第二，自主性和动力性。阴影不完全受自我控制，具有自主性和动力性。阴影会自发地表现出来，占据和控制自我，而自我却很少意识到它的存在。荣格认为，人的心灵及其每一个层面和子结构都具有能量，能量可以流动但不可能消失。阴影本身也具有能量，会找机会宣泄和释放，并支配自我。"阴影也具有惊人的韧性和坚持力，它从来都不会彻底地被征服。"狐狸精有自身的主动性，有自己的能量，它的出现、与人的互动以及它的消失，如同阴影与人格面具的关系一样，不是人类主观能够随意掌控的。这在中国古代大量的狐精小说尤其是《聊斋志异》中的 82 篇狐小说表现得尤为突出。

3.1.2　人的身份：人格面具

从分析心理学的意义上来说，人格面具实际上也就是我们所说的"我"，我们所表现给别人看到的我们自己。"persona"一词源于演员所戴的面具，用来表示他所扮演的角色，以及与他人的不同；但是，所扮演的角色并非真正意义上的演员本人，或者说，我们的人格面具，并非就是我们真实本来的自己。①

阴影与人格面具是心灵中对立而统一的结构原型。虽对立存在，但相互依存，相互作用，彼此统一于心灵中。阴影的内容通常并不邪恶，它被感觉邪恶，只是因为与其人格面具不一致，所以才会有羞耻感和罪恶感。荣格认为自我中存在两种相反的倾向：一是分离与独立的需要，另一个是关联与归属的需要。二者总处于冲突中，实质也就是阴影与人格面具原型的冲突与对立。

为了更好地考察阴影和人格面具之间的这种关系，下面笔者将《聊斋志异》中的 82 篇狐小说的人格面具即人物的角色和身份进行分类，重点讨论文本对于角色人格特征的描述。

《聊斋志异》中的 82 篇狐小说中的主人公身份多样。男性方面，书生最多，有 39 篇，其他有官吏或官宦子弟 15 篇，世家、巨家 2 篇，衰落的世家 2 篇，商人 1 篇，农人 3 篇，仆人 1 篇，术士 1 篇，道士

---

① 申荷永 . 荣格与分析心理学 [M]. 北京：中国人民大学出版社，2012:68.

1篇，猎人1篇，老翁1篇，儿童1篇；女性方面，官宦之女2篇、妇人3篇、老妪1篇；还有1篇以第一人称"余"的视角展开叙述，另有身份不明的10篇。其中有3篇重叠，如《贾儿》中母子都是主人公，所以儿童和妇人都列入，《青梅》和《封三娘》中分别有人类男女主人公，所以书生和官宦之女同时列入。

书生指那些以进士为目标，但又尚未迈入仕途，处于社会中下层的读书人。从《聊斋志异》中的书生们所处的现实世界和时代背景来看，他们身上具有浓厚的悲剧色彩。读书生活的清苦与应试生活的坎坷，使得他们的科举道路充满了艰辛；仕途不达，无以谋生，使得他们承受着沉重的经济负担；与此同时，低下的社会地位也使得他们饱尝着世情的冷暖。从他们的精神世界来看，尽管现实艰难，命运多舛，但《聊斋志异》中的书生们身上传统文人的人格特征并没有因此消失，他们仍然是儒家传统伦理和道德的信奉者，"孝""悌""仁""义""礼""智""信"等品质在他们身上散发出夺目的光芒。而相较之下，由于时代的限制，书生们在爱情中的光彩则较为微弱，呈现出一种"情"之缺失与遗憾。①

长期困于科场，沉沦于社会底层的蒲松龄对人生百态有着洞若观火的省察，尽管现实十分残酷，他依然怀着炽热的情感歌颂美好的人性。在《聊斋志异》中，他塑造了许多正面的人物形象，包括对大部分书生进行了正面的标举，反映了作者作为失意文人高标自许、自慰自怜的心态以及对自我价值的肯定。②书生和知识分子一直以来都是社会变革直接冲击的群体之一，也是感知最早的一个群体，尤其是在明末清初这样的时代背景下，理想与现实的冲突，情感与理性的矛盾，

---

① 梁锦丽.《聊斋志异》书生形象研究 [D]. 山东师范大学，2008.

② 侯学智. 从《聊斋志异》的"书生"故事看蒲松龄的创作补偿心态 [J]. 齐鲁学刊，2006(04)：72-76.

道德标准与人情人性的对决，这些都广泛存在于那个时代的人们包括书生们的生活中，这在 82 篇狐小说中就表现得十分突出。下面我们将根据文中的描述，对这些主人公的人格特点进行大致分类。

1. 颖慧多才

首先，《聊斋志异》中那些有正面意义的文人士子形象，大多是聪明有才之士、风流儒雅之人。如，孔雪笠因是圣人的后裔，"为人蕴藉，工诗"，因此得到皇甫公子和他父亲的礼遇拜为师长，也得到了娇娜这位红颜知己，还得以阿松配为佳偶。（《卷一·娇娜》）耿去病在与青凤和她的叔父一家初次会面时"谈议风生"，因"略述涂山女佐禹之功，粉饰多词，妙绪泉涌"而得青凤赏识。（《卷一·青凤》）王子服"绝慧，十四入泮"，所以才能邂逅并娶到看似痴傻实则极为聪慧的婴宁。（《卷二·婴宁》）"贫而多才"的孟生受到狐女封三娘的赏识，封三娘极力劝说自己的闺密范十一娘嫁给他，并以死而复生的方式成全了二人的婚事，而孟生也不负众望，"逾年，生乡、会果捷，官翰林"。（《卷五·封三娘》）"天阉"的傅廉也因为"甚慧"得到狐女三娘和鬼女巧娘两位美人的青睐。（《卷二·巧娘》）"少颖秀，性好修饰"的刘赤水，娶到了狐三姐妹中最美的凤仙，最后还高中举人，令狐岳父全家人刮目相看。（《卷九·凤仙》）才能可以改变人的命运，使才子得官，痴男得妇，受冤者得洗清白，才华是人的灵魂之所在，让人倾倒敬佩。

蒲松龄少有异禀，他对自己的才华颇为自负，对自己的前途充满了信心，但科场的失意，仕途的艰辛，给蒲松龄的心灵造成了极大的创伤，他不仅感愤于仕途受阻、功名无望，也深感自己"怀才不遇"，渴望自己的价值被别人了解、肯定和赏识。这种心态在其诗中多有反映："世上何人解怜才，投珠付待世人猜"（《访逯济宁不遇》），"世上相逢惟按剑，明珠此夜向谁投"（《偶感》）。所以他在作品中极力标举那些落拓书生，其实是在自我标举，体现出明显的"尊我"意识。这也是传统文人人生功业受挫之后，寻求心灵支点的普遍途径。

2. 狂放傲世

在蒲松龄看来，功名利禄固然重要，但不能去苟求，而应凭自己的真才实学，"才学"是衡量文人价值的重要标准。所以，《聊斋志异》中那些有正面意义的文人士子形象，大多是聪明有才之人。虽然这些书生在功名道路上备尝人生的苦难和折磨，但在他们的充满悲剧色彩的奋斗史中，作者给予了他们一种难能可贵的东西，那就是士子文人的人格精神。这种人格精神在书生身上具体表现为一种"出淤泥而不染"的洁身自好、自尊自爱和不肯"摧眉折腰事权贵"的嶙嶙傲骨。

"狂"表现为外向张扬，中国古代文人的狂可以说是千姿百态，各呈异彩，有超凡脱俗、恃狂傲世者，有沉湎醉酒、纵狂混世者，也有寄情青楼、肆意狂玩者……蒲松龄的一生都致力于科举，坐馆塾师，端庄儒雅是他仪态风度的主旋律，但事实上，作者一生又以"痴狂"自诩，正如他在《聊斋自志》中所说："遄飞逸兴，狂固难词；永托旷怀，痴且不讳。"同样，这类字眼在他的诗、词、文中也多次提到，如"固守非关拙，狂歌不厌痴"。他在《寄王八垓》的诗中更是自豪地将自己的品性定为"痴狂"。作者将这样的狂放气质特征投放到《聊斋志异》中，为我们塑造了许多栩栩如生的狂生形象。

在古代，狂首先表现为一种积极进取的人生态度，孟子就有"吾善养吾浩然之气"的精神追求，将"狂"与"气"进行结合，狂由气生，气盛则狂。《聊斋志异》塑造的狂人形象写出了作者想要摆脱日常书生意气生活的拘束，渴望能够建功立业，这些狂人形象也带有蒲松龄个人的影子，表现为"豪放""倜傥不羁"等个性。

82篇狐小说中描写了不少"狂放不羁"的狂生，主要有："少贫、有胆略"而殷天官（《卷一·狐嫁女》）、"狂放不羁"的耿去病（《卷一·青凤》）、"性豪放自纵"的莱芜张虚一（《卷四·胡四相公》）、

"为人豪爽无馁怯"的李著明（《卷四·捉鬼射狐》、"少轻脱，纵酒"的冯生（《卷四·辛十四娘》），等等。

《卷一·青凤》中的耿去病是一个富有胆气、狂放不羁之士。耿去病叔父的宅邸出现怪异，全家人都移居到别的地方住，只有他胆大好奇，想去探探究竟。他于夜间独闯废宅，终于见到正团座笑语的青凤一家，可他不但不怕，还理直气壮，自称狂生来访。吃饭期间，他侃侃而谈，开怀畅饮，看到漂亮的青凤爱慕之情溢于言表，"瞻顾女郎，停睇不转，拍案曰：得妇如此，南面王不易"，大胆热烈的表白，愈醉愈狂竟然"隐蹑莲钩"。后来青凤的叔叔没有办法，化成黑面鬼来吓唬耿去病，但狂傲的耿生把墨汁涂在脸上笑着和他对视，他的胆大与狂放让狐叟也不得不退避三舍。耿生对青凤的表白大胆直接，完全不顾男女大防、礼仪风化。后来青凤叔父遇到困难，他还是出手相助，这样的气度让人觉得他不仅仅是莽夫，反而增添了人情味，性格真实，其豪爽的个性也令人为之赞叹。

《卷一·狐嫁女》中的殷天官豪放有胆略，众人打赌前去常见怪异、废弃无人居住的楼宇中，他不害怕，从容前往，竟有幸目睹狐嫁女的奇观，由于他的介入，花妖狐鬼的神秘面纱被揭开了，为人们提供了一场新鲜奇妙的经历。《卷四·胡四相公》中的莱芜张虚一，因仰慕狐，就登门拜访，与狐成为莫逆之交。《卷五·狐梦》中的毕怡庵"倜傥不群""豪纵自喜"，竟然于梦中遇见狐女，结为连理，还参加了狐姐妹们充满谐趣的酒会。这些主人公无一不是外表风流倜傥，性格超群不俗、狂放不羁。

狂生们以其坦荡的姿态进入狐狸精的世界中，欣赏着那个世界怪异的美，对他们来讲，没有什么可怕的，反而说明了只有"鄙琐者"才不敢涉足鬼怪世界。狂生们年轻气盛，率真自我，胆大自信，勇敢豪迈，他们勇于追求自己的梦想，也敢于面对社会的黑暗和丑陋，他们有着超凡脱俗的个性魅力，蒲松龄在他们身上寄托了最美好的理想化人格和积极进取的人生态度。从分析心理学的角度来看，这种狂也是对沉重的道德枷锁和窘迫的现实处境的一种背叛和突破，是知识分子集体阴影的表现形式。

3. 性痴、笃、钝

痴，《说文解字》卷七"疒部"释为："不慧也。"《古汉语常用字字典》解释："傻"，引申为"入了迷"。笃，《古汉语常用字字典》解释为："忠诚，厚道"与"坚定"。钝，《古汉语常用字字典》解释为："迟钝，愚笨。"可以看出，这三个词都含有执着坚定、内向自守之意。执着坚定、矢志不移是中华民族的精神内涵之一。在上古神话中，夸父追日的迂傻、精卫填海的顽固，以及愚公移山的执着精神，这些都是痴、笃、钝的表现。

痴是中国古代文人喜爱的一个话题。人们发现，当主人公表现出的性格特征有"痴"或"癖"时，往往比"圆滑"的完美形象更令人喜爱，何况这些痴的本质并不是笨或者智商有问题，反而是绝顶聪明和大智若愚的表现。

"痴"本意是无知或傻，也可以指一种近乎癫狂的精神状态，又能引申为对于某些事物的执迷或者沉醉。从词源来讲，痴首先指的是一种生理上的病态，后来逐渐被赋予了其他含义，衍生出"极度迷恋某人或某种事物"到痴迷的状态，即对事物沉湎迷醉，好像全部身心都投入其中，而忽视其他部分的一种状态。"痴"在中国古代文化中被视为执迷不悟的愚昧，直到明末肯定情与欲，在尊重人性的背景下，赞美奇人怪人的风气逐渐兴起，人们把有"痴"或"癖"性格的人当作真性情的典型，史无前例地对"痴"和"癖"开始肯定，当然这样的思潮深刻地影响了蒲松龄，使他创作了很多执着、不顾世俗的真性情的人物形象。

在 82 篇狐小说中，主人公们的"痴"表现最突出的是对爱情的痴迷。《卷二·婴宁》中的王子服遇到婴宁之后，"拾花怅然，神魂丧失，怏怏遂返，至家，藏花枕底，垂头而睡，不语亦不食"；《卷一·娇娜》中孔生看到娇娜的容貌可以让他忘记身体的病痛，听到她的声音能够令他开颜欢笑；《卷九·绩女》中费生倾家荡产在所不惜，只为能目睹绩女芳容。此外，《卷一·青凤》中对青凤魂牵梦绕、充满爱恋的耿去病，《卷二·巧娘》非华氏不娶的傅廉，《卷三·黄九郎》中素有断袖之癖、对狐少年黄九郎"凝思如渴"的何子萧，面对新人不忘旧人、思念远在家乡的结发妻子的张鸿渐（《卷九·张鸿渐》），以及追念美人、凝思若痴的刘仲堪（《卷七·甄后》），等等，无不都是情痴。

还有一类书生表面上看似愚钝，固执，实则表现出独特的处世态度。如《卷六·冷生》："少最钝，年二十余，未能通一经。忽有狐来与之燕处，每闻其终夜语，即兄弟诘之，亦不肯泄。如是多日，忽得狂易病，每得题为文，则闭门枯坐，少时哗然大笑。窥之，则手不停草，而一艺成矣。"但古怪的是：每逢考试都大笑，响彻堂壁，由此"笑生"之名大噪，最终笑声惹怒"规矩严肃"的学使，他的大笑坚持了自我，没有对规矩屈服，这是他的存在方式，也是彰显自我价值的独特之处。异史氏曰："大笑成文，亦一快事，何至以此褫革？如此主司，宁非悠悠！"冷生不畏权贵，固执己见，是对坚持自我的肯定。

关于笃。《卷五·鸦头》中的王文"少诚笃"，"薄游于楚"时，偶遇亲戚赵东楼，赵邀请他去住处叙旧。谈话的过程中，狐女妮子频繁走动，赵告知他这里是"小勾栏"，他就很不自在；当"仪度娴婉"的少女鸦头对他频送秋波时，他虽然内心欢喜，却"俯首默然痴坐，酬应悉乖"。一个胸无城府、渴望爱情的羞涩少年的形象跃然纸上。在赵的帮助和鸦头的坚持下，他毅然与鸦头结合，并于深夜和鸦头逃离了狐老鸨的掌控，一起过了一年多平静富足的日子。后来鸦头被狐母抓走受尽折磨依然坚持自己的选择，而王文也一直多方打探寻找鸦头的下落。王文和鸦头这种对爱情的笃定和坚贞，对自由和美好生活的向往，远比那些见异思迁、朝三暮四的人更加可爱和值得歌颂。

在实际生活中，人性的善良、忠贞、纯洁、真诚等优良品质往往被现实挤压而窒息，进而扭曲，人们变得麻木、自私、虚伪、奸诈，生活的种种重担、利益的冲突使很多人失去了生命本来该有的灵动的气息和色彩，没有受到世俗污染的人性美在虚伪的现实中很难见到，所以，蒲松龄赞美"其天真与赤子同其烂漫"的真人。痴、笃、钝的书生都是重情守义者，他们大多志凝而情笃，才高而守义。《卷八·嫦娥》中的宗子美为了不辜负狐女颠当，毅然拒绝嫦娥；《卷一·娇娜》中的孔雪笠，侠义就险，急狐友之难，信守诺言，不负相托。

世俗的聪明人大多工于心计、狡猾、势利、伪善。而性痴之人，自然率真，不受尘世的污染；性笃、性钝之人也都是上天所钟爱的人。他们清新动人，有着孩童一般的纯洁无邪心灵，言语行动发之天然，不谙世事。他们看似像呆头呆脑的傻瓜，但其实在作者心中，真正的痴、笃、钝者是十分聪慧的。他们的率真、笃定和坚持是未被世俗的礼教和黑暗的现实扭曲的健康生命的自然舒展状态，这其中也蕴含了作者返璞归真的理想。

4.胆力、胆略

蒲松龄生活的时代，恶霸豪绅欺压百姓、鱼肉乡里的事情不在少数，蒲松龄就经常帮人写诉状，与这些恶人作斗争。在《聊斋志异》中，"狐"在蒲松龄的笔下，惹是生非、兴妖作怪的只是极少数，且这类作品，一般地说，题旨不在于写狐的可怖可憎，而在表达人们战胜邪恶、驱除祸害的胆略。如，《卷一·捉狐》中的孙翁，遇狐虽"着足足痿，着股股软"，但他并没有惧怕，而是"骤起，按而捉之，握其颈"。狐虽狡猾，在智勇双全的人类面前也只得杳然而逃。《卷四·捉鬼射狐》中的李著明"为人豪爽无馁怯"，"季良家多楼阁，往往见怪异。公常暑月寄宿，爱阁上晚凉。或告之异，公笑不听，固命设榻"。结果他赶走了作祟的鬼和狐，"公居数年，平妥无恙。君子有浩然之气，无惧狐鬼"。

《卷一·狐嫁女》中，历城殷天官"少贫，有胆略"，当地有一座荒废的大宅院，"广数十亩，楼宇连亘。常见怪异，以故废无居人；久之，蓬蒿渐满，白昼亦无敢入者"。一群朋友们打赌，说如果有人敢进去在里面过夜，我们就请他吃饭，他立刻接受挑战，并笑着说"有鬼狐，当捉证耳"，于是当天晚上他就一个人带着席子进了废宅，结果他真的遇到了狐狸精，但他不但没有被吓到，反而受到狐的礼遇，落落大方地做了一次狐嫁女婚宴中的座上宾。

在表现人物胆量的狐故事中，比较典型且令人印象深刻的是《卷一·贾儿》。贾儿之母祟于狐，而其父又在外，聪慧、勇敢的贾儿于狐来之际，"儿宵分隐刀于怀，以瓢覆灯。伺母呓语，急启灯，杜门声喊。久之无异，乃离门扬言，诈作欲搜状。欻有一物，如狸，突奔门隙。急击之，仅断其尾，约二寸许，湿血犹滴"。与狐的争斗，贾儿取得了初步的胜利。最精彩的高潮部分是贾儿伪装成狐狸，瞒着家人，用将毒药置于酒中的策略，"至夜，母竟安寝，不复奔。心知有异，告父同往验之，则两狐毙于亭上，一狐死于草中，喙津津尚有血出。酒瓶犹在，持而摇之，未尽也"。这时的父亲才知是儿子所为。贾儿还告知父亲，"此物最灵，一泄，则彼知之"。贾儿镇定、有胆略，取得胜利、踌躇满志的形象令人爱不释卷。

其他，如卷一中的《狐入瓶》《焦螟》，卷二中的《董生》等都是写人类大胆与作祟的狐斗争的故事，无不妙趣横生、兴致盎然，将人的智慧、胆力表现得淋漓尽致。

5. 木强、耿直、刚烈、刚正不阿

儒家的礼法影响非常深远，文人应具有高洁人格和正直纯良的品德。如果一个人行为张扬，过于耿直刚烈，就会显得特别引人注目。

但在蒲松龄的笔下对这些忤世之人给予了肯定。

《卷十二·一员官》中的吴同知刚正不阿，诸官贪赃枉法却能得到上官的保护，没人敢反对，只有他敢公然抵抗邪恶，声称："某官虽微，亦受君命。可以参处，不可以骂詈也！要死便死，不能损朝廷之禄，代人偿枉法赃耳！"贪官们想拉拢他加入，他坚决不从，理直气壮无所畏惧。自古以来邪不压正，就是这样的正气把那些贪官给吓住了，官员们反倒过来讨好他。作者将贪官们惊恐的内心刻画细致，对秉公执法和一身正气的官员给予坚定支持。难怪作者借狐语评价他："通郡官僚虽七十有二，其实可称为官者，吴同知一人而已。"此篇中的另外一位张公，"以其木强，号之'橛子'"，是泰安知州。那些登泰山的贵官大僚，常常"夫马兜舆之类，需索烦多"，泰安本地居民不堪重负。"公一切罢之。或索羊豕，公曰：'我即一羊也，一豕也，请杀之以犒驺从。'"于是，那些官僚大臣也拿他没有办法，只好自备登山所需用度。

对封建礼法的蔑视，蒲松龄注重表现的是笑傲权贵的豪迈气概，但这种信笔挥洒的自由抒写，分明让读者感到一种精神上的喜悦，刚正不阿的主人公们以肆意的方式带我们领略了蔑视邪恶势力的快感，给中国知识分子的古老传统文化素养注入新的活力，从文字中也能明显感受到战胜邪恶势力的自豪感，以及邪恶势力的猥琐和不堪一击，正义的力量得到了前所未有的神圣彰显。

《卷一·王成》中，王成是一位"生涯日落"的故家子，家里一贫如洗，"然性介"。他无意中捡到了一枚金钗，一个老太太很着急过来找，他立刻把金钗还给了她。交谈之后发现这个老太太是一只狐，曾与自己的祖父有过一段姻缘，了解了他的生活状况之后，狐祖母决定帮助这个孙子改善生活，脱贫致富，后来果然"居然世家""家益富"。《卷二·红玉》中的冯相如的父亲冯翁"性方鲠"，当家中遭遇恶人侵犯，儿媳妇卫氏被抢时，"翁大怒，奔出，对其家人，指天画地，诟骂万端"，"翁忿不食，呕血寻毙"。后来虬髯客帮冯家复仇，红玉救了冯相如遗失在山谷中的儿子，还帮他重整旗鼓，考上举人，"腴田连阡，夏屋渠渠"。对冯翁及相如的不畏强暴，在结尾异史氏曰："其子贤，其父德，故其报之也侠。"

当然，蒲松龄的某些观点比较迂腐和保守，因果报应的思想也比较浓厚，但对正直善良、勇于反抗精神的讴歌值得肯定。

6. 孝悌仁信

歌颂诚笃、淳朴的孝行，是《聊斋志异》的重要主题之一。所谓"父子之道，天性也"。孝的最初、最根本的内涵就表现在对父母的亲情和敬爱。《聊斋志异》中的书生虽然大多蹒跚于艰辛的科举道路，承受着窘迫的经济状况和低下的社会地位，但他们在"孝"的精神世界中却几乎达到了圆满，散发出强烈的人格魅力。

《卷四·青梅》中，张生"性纯孝，制行不苟，又笃于学"，非常孝顺，青梅偶然到他家里，"见生据石啖糠粥；入室与生母絮语，见案上具豚蹄焉。时翁卧病，生入，抱父而私。便液污衣，翁觉之而自恨；生掩其迹，急出自濯，恐翁知"。青梅因此对他刮目相看，认定他将来必定能出人头地，后来她和小姐阿喜都嫁给了这位至孝的张生。《卷二·侠女》中，顾生"博于材艺，而家綦贫。又以母老，不忍离膝下，惟日为人书画，受贽以自给"。当侠女母女搬到他家隔壁之后，他在母亲的鼓励下，常常接济她们母女，侠女在他母亲生病时也是悉心照料，为了报答他，侠女还为他生了一个儿子，以延续香火。《卷九·小梅》中，王慕贞"偶游江浙，见媪哭于途，诘之。言：'先夫止遗一子，今犯死刑，谁有能出之者？'"王慕贞于是竭尽全力为之斡旋。当其子脱身后前来道谢时，王曰："无他，怜汝母老耳。"能将对自己父母的孝心推及到天下所有父母身上，这种精神不可谓不高尚。

悌紧跟在孝之后，古人常常孝悌并称。《卷六·马介甫》中杨万钟在哥哥杨万石遭到悍妇大嫂的追逼时，"不知何故，但以身左右翼兄"，兄弟情谊深厚。《胡四相公》《卷六·马介甫》等篇中狐一旦与人类义结金兰，便全力以赴帮助义兄渡过难关，践行了兄弟之间的"悌"之伦理。

如同对伦理的严格要求一样，儒家对其门下弟子的道德人格也有着极为清晰的规定：从孔子提出的"仁、义、礼"，到孟子延伸开来的"仁、义、礼、智"，直至董仲舒发展为"仁、义、礼、智、信"，自此之后，"五常"就成为了中国传统文化中儒家道德标准的核心。

樊迟问仁。子曰："爱人。"孟子则曰："恻隐之心，仁之端也。"在《聊斋志异》中的书生的身上，"仁"表现为一种善良和仁慈，一种为他人排忧解难的美好品质。《卷一·青凤》中的耿去病，当年他与青凤的相爱遭到了青凤之叔的阻碍，因此不得不含恨分开，但当后来青凤的叔叔遭遇灾难，"血殷毛革"，生命垂危之际，耿去病却不计前嫌，依然以一颗仁爱之心救其于危难之中。

"朋友有信"是中国传统道德的一个重点。"信"者，诚信，诚实不欺，其中包含着遵守诺言、困难时互相帮助，不应互相欺骗、不应以利交友等含义。《卷一·娇娜》中的孔雪笠与皇甫公子，二人的关系亦师亦友，后当皇甫家遇到"雷霆之劫"时，孔生"矢共生死"，不惜献出自己的生命。历来阐释孔生这一行为的动机时，多着重于其对娇娜的爱情，实际上，其对皇甫公子的友情也是一个不容忽视的因素。前面提到的胡四相公和马介甫救朋友于危难之中也是"信"的表现。

蒲松龄认为只有才德结合、才能结合、才识结合、才学结合、才智结合、才情结合者，才能有好的结果，才能达到才的最高境界，只有才而无德、无情者，只能是庸才。德是做人的前提，有了德才能使自己的才华不被浪费，才能把才用于该用之处。相对于在伦理方面对于"孝悌"的全体信奉，《聊斋志异》中的书生们在面对道德问题时，主流上仍然呈现出积极的坚守心态，但因受到现实因素的影响，也有部分书生失落了传统的"士"界，甚至出现了道德的沦丧现象。

"在相当的程度上，人的道德权威受环境、社会和他所生活的时代的制约。如果他与社会中主要的、构成'文化超我'的价值准则相一致，人们就说他'有良心'。另一方面，如果与这个准则不一致，他就会蒙受'没良心'的耻辱。良心代表了集体的标准，并随着标准内容和要求的变化而变化。"① 上面我们概括分析了《聊斋志异》主人公的六种主要的人格特征，它们集中体现了当时主流社会或知识分子阶层广泛认可的道德标准和价值观念。对于这些，蒲松龄总体上是认可和肯定的，但对于其中过于膨胀和刻板的成分，也产生了质疑。

如，关于"孝"的问题，我们说《聊斋志异》中的书生之孝行感天动地，值得今人学习，但这并不意味着他们的"孝"没有阴暗和落后的一面。事实上，由于受到儒家"父为子纲"思想的影响太深，所以书生们的孝行难免带有一些愚昧和死板的色彩。首先，他们在父母面前多数是懦弱的，不敢反抗父母的命令，更不敢为自己做决定。《卷二·红玉》中的冯相如，与邻女红玉相好，当遭到父亲斥责时，他非但不敢反抗，还对红玉说："父在，不得自专。卿如有情，尚当含垢为好。"红玉却言辞决绝要与其分手："妾与君无媒妁之言，父母之命，逾墙钻隙，何能白首？"冯父坚持儿女婚姻一定要遵守"父母之命，媒妁之言"的传统道德要求，反对自由恋爱，实则是自欺欺人。在与红玉分手后，相如拿着红玉赠送的"白金四十两"聘娶"吴村卫氏"完全是走过场，"生乘间语父，欲往相之。而隐馈金不敢告。翁自度无资，以是故，止之。生又婉言：'试可乃已。'翁颔之"。相如自己拿着银子登门拜访并获得卫氏父母的同意，回来后怕父亲担心，"诡告翁，言卫爱清门，不责资。

---

① 埃利希·诺伊曼. 深度心理学与新道德 [M]. 高宪田，黄水乞，译. 北京：东方出版社，1998：13.

翁亦喜"。可以看出，在这段冯父认为完全合理合法的婚姻中，从始至终儿子对他只是"知照"，他并没有真正参与，他的作用只是形式层面的，颇有点自欺欺人的感觉。后来冯家遭遇了一系列的灾难，还是在红玉的帮助下，相如才能科考高中，东山再起。虽然蒲松龄在小说中不敢直接表明态度立场，但这具有反讽意味的结局证明，除了增加儿子婚恋的波折和家族的灾难，冯父的反对是无理且无效的。

又如，《卷十二·一员官》中，泰安知州耿直、不畏强权，号称"橛子"，但他的刚烈不分场合，把官场上的那一套也带回到家庭关系中。"公自远宦，别妻子者十二年。初莅泰安，夫人及公子自都中来省之，相见甚欢。"他的妻子带着孩子来看望他，却因为一句话不和就对妻子用刑，导致夫妻反目，亲人成仇："夫人即偕公子命驾归，矢曰：'渠即死于是，吾亦不复来矣！'逾年，公卒。

主人公们试图通过排除与他们固有的道德和价值体系不兼容的成分完善自己，导致某一方面的人格面具过度膨胀，从而压制了作为人的正常的需求，如对爱情和亲情的需要，对自己的生活造成了困扰。"人们总是认为理想的完善能够也应该通过排除与这种完善不兼容的那些东西来实现。'对消极面的否认'，对消极面强制而系统的排除，是这种道德的基本特色。无论它的主要象征如何变化无常，人格的道德形成总是由于对片面性的有意倾向和对道德价值绝对特征的坚持才可能实现。这往往排除一切与价值不兼容的特质。""正是在抑制（Suppression）中，也就是说，通过自我意识故意去排除人格中与道德价值不和谐的一切特征和倾向，'对消极面的否认'才最清楚地被当作旧道德主导原则的范例。"[①] 这种排除和抑制并不能消除人在许多方面的基本需求，反而引发

---

① 埃利希·诺伊曼.深度心理学与新道德[M].高宪田，黄水乞，译北京：东方出版社，1998:11.

了阴影的集中出现和反击。旧的道德不能适应在社会经济、思想文化等各方面早已出现了变化的新时代的需要。《聊斋志异》中大量的捉狐故事，便是那个时代人格面具与阴影、新旧道德之间交锋的缩影。

3.2　异乡

《聊斋志异》中人狐相遇发生在特定的情境之中，那些相遇的地方，对于人与狐而言都是异乡。异乡提供了反思的距离，一场心灵的奇遇得以展开。下面重点讨论是怎样的境遇让人与狐走向怎样的异乡。

3.2.1　寄寓

1.客居的人

通过仔细阅读文本，笔者发现，82 篇狐小说中，有一定数量的主人公在故事发生时旅居异乡。根据具体情况将其分类如下：

（1）投奔亲友

"有执友令天台，寄函招之。生往，令适卒。落拓不得归，寓菩陀寺，佣为寺僧抄录。"（《卷一•娇娜》）"魏运旺，益都盆泉人，故世族大家也。后式微，不能供读。年二十余，废学，就岳业酤。"（《卷四•双灯》）"李公著明，睢宁令襟卓先生公子也。为人豪爽无馁怯。为新城王季良先生内弟。""季良家多楼阁，往往见怪异。公常暑月寄宿，爱阁上晚凉。或告之异，公笑不听，固命设榻。"（《卷四•捉鬼射狐》）

（2）游历外地

"诸生王文，东昌人。少诚笃。薄游于楚，过六河，休于旅舍，乃步门外。"（《卷五•鸦头》）"太原宗子美，从父游学，流寓广陵。"（《卷八•嫦娥》）"浙东生房某，客于陕，教授生徒。尝以胆力自诩。"（《卷

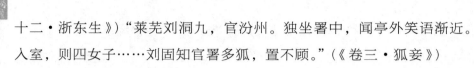

十二·浙东生》）"莱芜刘洞九，官汾州。独坐署中，闻亭外笑语渐近。入室，则四女子……刘固知官署多狐，置不顾。"（《卷三·狐妾》）

（3）流落异乡

"乡中浇俗，多报富户役，长厚者至碎破其家。万适报充役，惧而逃，如济南，税居逆旅。"（《卷四·狐谐》）"武孝廉石某，囊资赴都，将求铨叙。至德州，暴病，唾血不起，长卧舟中。仆篡金亡去。石大患，病益加，资粮断绝，榜人谋委弃之。"（《卷五·武孝廉》）"张惧，亡去。至凤翔界，资斧断绝。"（《卷九·张鸿渐》）"后值叛寇横恣，村人尽窜，一家相失。伊奔入昆仑山，四顾荒凉。日既暮，心恐甚。"（《卷十一·狐女》）

（4）税居别家

"邑有张生，字介受。家窭贫，无恒产，税居王第。"（《卷四·青梅》）"长山赵某，税屋大姓。病症结，又孤贫，奄然就毙。"（《卷十二·褚遂良》）

可以看出，这些主人公的生活状态大多不是很好，无论是家道中落还是遭逢突变，是投亲不遇还是贫无恒产，他们多已离开故土，没有稳定的谋生方式，没有可靠的生活保障，情感生活也处于缺失状态。他们的情绪通常也比较低落、茫然和焦虑。生存是第一位的，正是这种脱离了常态的生活状况，人的一些本能的需求才会更迫切，人格、道德、价值观念、社会习俗等可能制约人类的思想和行为的东西与人的现实需求之间的冲突也更为激烈。人与自己的阴影遭遇的可能便会大大增加。

2. 流浪的狐狸精

不仅这些主人公们寄居在外，绝大部分狐也是远离故土。有些狐自称姓胡，他们目前是"客居""流寓"，他们的家乡在"西域"或"陕中"，因为种种原因流落异乡——主人公所在之地。如：

"此为单府，曩以公子乡居，是以久旷。仆皇甫氏，祖居陕。以家宅焚于野火，暂借安顿。"(《卷一·娇娜》)"道士诘其里居。婢作狐言："我西域产，入都者一十八辈。'"(《卷一·焦螟》)"叟自言："义君姓胡。'"(《卷一·青凤》)"狐翁租潍邑李氏别第，问其屠里，以秦中对。"(《卷二·潍水狐》)"妾实狐，适宵行，见儿啼谷口，抱养子秦。"(《卷二·红玉》)"我本陕中人，与君有夙因，遂从许时。今我兄弟来，将从以归，不能周事。"(《卷四·狐谐》)"叟曰："老夫流寓无所，暂借此安顿细小。既承宠降，有山茶可以当酒。'"(《卷四·辛十四娘》)"一日，置酒邀张，且告别。问："将何往？'曰："弟陕中产，将归去矣。君每以对面不亲为憾，今请一识数载之交，他日可相认耳。'"(《卷四·胡四相公》)"初，太翁居南山，有叟造其庐，自言胡姓……"(《卷六·刘亮采》)张鸿渐"至凤翔界，遇狐女施舜华"。(《卷九·张鸿渐》)长安士人贾子龙遇狐男真生，"咸阳傥寓者也"。(《卷十·真生》)浙东生房某"客予陕"，遇狐女。(《卷十二·浙东生》)

流寓在外的狐往往居住在废宅、坟冢、寺院或郊野。

（1）废宅："邑有故家之第，广数十亩，楼宇连亘。常见怪异，以故废无居人；久之，蓬蒿渐满，白昼亦无敢入者……入视楼中，陈设绮丽。……少间，粉黛云从，酒馔雾霈，玉碗金瓯，光映几案。"(《卷一·狐嫁女》)"屋宇都不甚广，处处悉悬锦幕，壁上多古人书画。案头书一册，签云："琅嬛琐记。'翻阅一过，皆目所未睹。"(《卷一·娇娜》)"太原耿氏，故大家，第宅弘阔。后凌夷，楼舍连亘，半旷废之。因生怪异，堂门辄自开掩，家人恒中夜骇哗。耿患之，移居别墅，留老翁门焉。由此荒落益甚，或闻笑语歌吹声。"(《卷一·青凤》)"及明，视血迹逾垣而去。迹之，入何氏园中。""儿薄暮潜入何氏园，伏莽中，将以探狐所在。月初升，乍闻人语。暗拨蓬科，见二人来饮，一长鬣奴捧壶，衣老棕色。语俱细隐，不甚可辨。"(《卷一·贾儿》)"曹州李姓者，邑诸生。家素饶，而居宅故不甚广，舍后有园数亩，荒置之。

一日，有叟来税屋，出直百金……"（《卷二·九山王》）。

（2）寺庙："薄暮醉归，道侧故有兰若，久芜废，有女子自内出，则向丽人也，忽见生来，即转身入。阴思：丽者何得在禅院中？絷驴于门，往觇其异。入则断垣零落，阶上细草如毯。彷徨间，一斑白叟出，衣帽整洁……"（《卷四·辛十四娘》）。

（3）坟冢："偶猎郊野，逢一美少年……邀生去，至一村，树木浓昏，荫翳天日。入其家，则金沤浮钉，宛然世家。""果见阴云昼暝，昏黑如的磐。回视旧居，无复闬闳，惟见高冢岿然，巨穴无底。"（《卷一·娇娜》）"村北有古冢，陷不可测，意必居此。共操兵杖往。伏听之，久无少异。一更向尽，闻穴中戢戢然，似数十百人作耳语。"（《卷三·小翠》）"徐怅然少坐，屋宇并失。猎者十余人，按鹰操刃而至，惊问：'何人夜伏于此？'徐托言迷途，因告姓字。一人曰：'适逐一狐，见之否？'答曰：'不见。'细认其处，乃于氏殡宫也。"（《卷六·萧七》）

（4）郊野："伶仃独步，无可问程，但望南山行去。约三十余里，乱山合沓，空翠爽肌寂无人行，止有鸟道。遥望谷底，丛花乱树中，隐隐有小里落。下山入村，见舍宇无多，皆茅屋，而意甚修雅。北向一家，门前皆丝柳，墙内桃杏尤繁，间以修竹；野鸟格磔其中。"（《卷二·婴宁》）"十余里，入山村，至其家，廊舍华好。"（《卷十·长亭》）。

可以看出，狐的居处与世俗社会和人类正常的生活保持一定的距离，有一种神秘的原生态的色彩。这些地方阴暗荒凉，远离人群，甚至带着些许恐怖和死亡的气息，但它们又蕴含着生机。如，寺庙是与灵魂对话的地方，坟墓是转世和新生的驿站，乡村和郊野是生命力最旺盛的地方，荒草萋萋、野蒿满地的废宅同样充满生机。所谓"废弃"和"荒芜"只是对人类而言，对于生命来说，它们却是最适合的地方，因为它们是转化之地、孕育之所。

3.2.2　旅途

是怎样的变故，让狐狸精四处流浪、寄居郊野？是什么原因造成了主人公离开故土、客居他乡？本节从历史发展和现实境遇的角度，追溯狐狸精的来源和出处，探索人的困境与际遇，揭示人与狐必然相遇的努力方向和行动轨迹。

1. 客从何来

（1）"狐"与"胡"

有学者考证，狐狸精之所以自称为"西域"人或"陕中"人，与中西交通的大文化背景密切相关。[①] 汉唐盛世时期，大批西域胡人来华，多居住于长安及其周围一带。这些胡人所从事的工作主要是经商、餐饮和伎艺等，故又被称为"胡商""胡妇""胡姬""胡伎"。《汉乐府·羽林郎》所描写的就是汉代胡姬当垆的情形：

胡姬年十五，春日独当垆。

长裾连理带，广袖合欢襦。

头上蓝田玉，耳后大秦珠。

两鬟何窈窕，一世良所无。

一鬟五百万，两鬟千万余。

这位开酒馆的胡姬，头上戴的"蓝田玉"，耳后挂着"大秦珠"，头上的首饰竟能值千万余，反映了在华胡人的富有。到了唐代，中西间的交通更为频繁，来华的西域人也就更多了。这些胡人，或逐利东来，即"胡商"；或传道中土，即"胡僧"；或作为异域统治者之子侄长期为质于唐，终至入籍而为民。

将胡人与狐狸精联系在一起，大约有以下几种原因：

---

① 张崇琛. 中西交通视野下的《聊斋》狐狸精形象——从《聊斋》中狐狸精的"籍贯"说起 [J]. 蒲松龄研究，2008(03)：14-25.

①"胡""狐"音同，而中国人向来就有以兽模拟异族之传统，所谓"南蛮""北狄"者便是。②男性胡人习性诡异，以及体征与狐狸的某些相似，如脸多须而体多毛，腋下又有"胡臭"，而"胡臭"又被认为即是"狐臭"，如陈寅恪所说，"因其复似野狐之气，遂改'胡'为'狐'矣"。③胡女之美貌及活泼开朗的个性又被与传说中善于勾引异性的狐精淫妇联系在一起，尤其在长安开设酒店的胡姬，更因对男性具有吸引力而被误解。即以唐代诗人而论，就有不少人惯以胡姬酒肆为温柔乡，李白就是其中最典型的一位。他的《前有樽酒行》（其二）："胡姬貌如花，当垆笑春风。笑春风，舞罗衣，君今不醉将安归？"另一首《送裴十八图南归嵩山》："胡姬招素手，延客醉金樽。"等等。④无论胡男、胡女，皆因善贾而广聚财富，这与狐狸的善盗及好积存食物有某些相似之处。总之，正是由于上述几方面的因素，唐代民间便开始将"妖胡（见元稹《胡旋女》）与狐狸联系在一起了。

胡人从西域来，又长期居住在长安一带，因此狐便也是"西域"人或"陕中"人了。

（2）咫尺天涯

蒲松龄一生中，远距离的外出游历只有过一次，那就是康熙九年（1670年），蒲松龄应宝应知县、同乡孙蕙之聘离家南游。南游回来之后，他受到淄川大缙绅高珩与唐梦赉的赏识，在康熙十一年（1672年）和康熙十二年（1673年）先后与他们结伴去了崂山和泰山旅游。

除了这有限的几次外出游历之外，家庭贫困的蒲松龄没有经济能力和闲暇时间去游山玩水。由于科考连年不第，为了生计，蒲松龄不得不常年在缙绅人家坐馆。康熙四年（1665年）开始，蒲松龄到贡生好友王永印家做其子侄的老师，王家所在的苏李村离蒲家庄约25公里。康熙十二年（1673年），蒲松龄到淄川显宦马家庄的王崇义家坐馆，马家庄与蒲家庄相邻仅2公里。康熙十七年（1678年），蒲松龄在淄川县沈家河村的沈天祥家坐馆，沈家河位于淄川忠信乡，与蒲家庄也很近。但由于卷入沈家内部纷争，不久之后他就离开了沈家。次年即康熙十八年（1679 年），蒲松龄开始到号称"四世一品"的淄川显宦毕际有家坐馆，他在西铺一待就是三十年，直到年逾古稀，才撤帐回家。

　　虽然他坐馆的地方离蒲家庄都不算很远，有的甚至还很近，但受雇于人，一年中只有在节假日时才可以回家小住几天，与家人团聚。他曾经在《家居》诗中感慨地说："久以鹤梅当妻子，且将家舍作邮亭。"寄人篱下，独自生活的寂寞就可想而知了。同时，三年一次的乡试，蒲松龄每一次都是踌躇满志地出发，换来的却是连年不第，"三年复三年，所望尽虚悬"。家人近在咫尺，却仿佛远在天涯。科考梦想的实现又十分渺茫。从蒲家庄到坐馆的主人家，从淄川到省城，在蒲松龄的大半生中，早已成为常态。每一次的启程与归来，这位天才小说家的内心会是怎样的悲喜与孤寂？

　　而这样的情况在当时底层知识分子中并不鲜见。清代山东地区的乡试竞争格外残酷，生员们承受了更多的乡试压力。蒲松龄曾多次要求增加淄川乡试的录取名额。残酷的乡试竞争下，"半生寂寞真如此，一第崎嵚亦偶然"成为大多数基层士人的毕生写照。经济压力也是许多基层士人终身不堪承受之累，很多人不仅贫无立锥之地，常常需要负债维持生计，甚至死后仍需友人资助安葬、抚恤家眷。

　　2. 魂归何处

　　（1）入乡随俗

　　胡人东迁之后，为了其家族能与中原地区的人民和谐相处，一方面他们与当地人建立了良好的友邻关系，这在《聊斋志异》的狐翁故事中表现得非常突出。如，《卷五·上仙》中以隐形面目出现的狐翁，有学识又懂医术，招之即来，为慕名前来的人们释疑解忧。《卷二·潍水狐》中狐翁来问李氏税居，与主人交谈"笑语可亲""款洽甚欢"，并不讳言自己是狐，与邑中缙绅"无不伛偻接见"，颇为谦卑，表现出的是客居者对地主的尊重。《卷六·周三》，泰安州东之胡姓狐翁是"白发叟"，"揖让酬酢，无异常人"，并为张太华举荐其友周三降伏他家中的"扰狐"，而周自称与张有夙缘，"馆于其家"后与人"相见如主客"，勇武而安分守己。《卷六·刘亮采》，刘亮采前身是山中老狐，胡姓，与人交谈时"词旨便利"，并坦然地告知对方自己的身份和良好愿望，最终选择在故人家降生，转世成人。

另一方面，他们主动学习汉人的传统文化、待人接物的方式，效仿汉人的习俗和生活习惯。这种倾向首先表现在儒化的倾向上。胡人的这种儒化追求自然也会反映到许多狐精故事中，《聊斋志异》中的不少狐男便已开始向士人身份演进。如《卷一·娇娜》中皇甫公子主动受教于圣裔孔雪笠；《卷四·雨钱》中狐翁能与秀才"相与评驳古今""时抽经义则名理湛深"；《卷二·酒友》中车生之酒友狐男为"儒冠之俊人"；《卷四·胡四相公》中的胡四相公与莱芜名士张虚一谈笑交好；《卷一·狐嫁女》中狐翁之女出嫁用世俗礼；《卷三·胡氏》中胡氏更以秀才被主人延为塾师；《卷五·郭生》中的郭生则以狐为师，"两试俱列前名，入闱中副车"；等等。皆可见狐男形象之儒化倾向。

久而久之，胡人与中原地区的人们便有了相当程度的融合。不过值得关注的是，胡人中的年轻女性则对儒家文化中的繁文缛节非常反感，她们仍习惯于无拘无束的胡姬生活，也因此《聊斋志异》中的女狐狸精往往比男狐狸精更加主动大胆、活泼可爱。

（2）追寻自我

享受正常的天伦之乐成为奢望，科举之梦更是遥不可及。现实如此残酷。那么，对于精神世界蕴藉丰厚、思想睿智深远的蒲松龄来说，满腔的热情、卓越的才华可以倾注到哪里呢？投入到文学创作中吧，代表书生，代表那个时代的底层人民，用看似荒诞不经的志怪小说去丰富贫瘠的物质生活，去充实寂寞的内心世界，去追寻那个完整而真实的自我。

　　蒲松龄早年就"雅爱搜神""喜人谈鬼"，大概从二十多岁他就开始了《聊斋志异》的创作。在王永印家坐馆的时候，由于王家藏书丰富，生活条件也比较优越，加上好友王永印生性幽默风趣，宾主相得，大大激发了他的创作热情，《娇娜》《青凤》《婴宁》《聂小倩》《胡四姐》等脍炙人口的名篇大致就产生于这一时期。[①]31岁时他在去宝应县途中写道："途中寂寞姑谈鬼，舟上招摇意欲仙。"第二年又写"新闻总入鬼狐史"，听到了新的鬼狐故事就加工写进《聊斋志异》，狐鬼并写、二女一夫的《莲香》和《巧娘》等篇就成于此期。到毕府坐馆之后，毕家上上下下老老少少都特别喜欢他的聊斋故事，相对宽松的创作环境让他佳作迭出，最终成就了这部洋洋巨著。

　　如果说他年轻时对《聊斋志异》的创作和整理是一种志趣和爱好，那么在黑暗现实中几经沉浮后，已届不惑之年的他穿越于异域冥界，巧借谈鬼说狐，针砭现实，抒写孤愤，把满心郁积的忧愁与愤懑的情绪体验，倾泻于笔端，"集腋为裘，妄续幽冥之录"。

　　除了收集民间故事进行加工，蒲松龄更多的是有意识地结撰奇异故事，连同其中的神仙、狐、鬼、花妖，都出自他个人心灵的创造，是他主动与自我心灵的对话。一个明显的例子是《卷五·狐梦》篇，他自述友人毕怡庵读了先期作成的《卷一·青凤》，羡慕篇中书生耿去病与狐女青凤相爱的艳福，心向往之，于是也发生了梦遇狐女的一段姻缘。有趣的是狐女临诀别时，向毕怡庵提出一个要求："聊斋与君文字交，请烦作小传，未必千载下无爱忆如君者！"作者最后还现身自云："有狐若此，则聊斋之笔墨有光荣矣。"这篇带有谐谑情趣的故事，绝

　　① 　马瑞芳.幻由人生——蒲松龄传[M].北京:作家出版社,2014:075-076.

不意味着毕怡庵真的做了那样的梦，而是作者为那位天真的友人编织了那样的梦，借以调侃、逗趣而已。[①]

像毕怡庵这种向往狐、仰慕狐，甚至主动接近狐的人在82篇狐小说中非常普遍。耿去病听说叔叔家的老宅子闹狐患，不仅不怕，反而主动跑过去"嘱翁有所闻见，奔告之"。(《卷一·青凤》)万福在躲避"充役"的途中遇到一美女，"女自言：'实狐，然不为君祟耳。'万喜而不疑"。(《卷四·狐谐》)汾州判朱公，明知眼前这位"容光艳绝"的女子是狐，"而爱好之，遽呼之来"。(《卷二·汾州狐》)韩光禄大千之仆亲眼看到狐"及地化为犬。睨之，转舍后去。急起，潜尾之，入园中，化为女子"，仍然与其"共宿止。昼别宵会，以为常"。(《卷三·犬灯》)等等。

明代中后期开始的肯定人欲、主张个性化等解放人性的思潮，并没有随着改朝换代而终结，而是有了更广泛的土壤。到了清代，一方面是皇权的强化，统治阶层对思想和言论控制的收紧。另一面人们也比较重视自己现实的需求，对自己对于财富、权利、美色以及获得外力的帮助等的向往持一种认可和接纳的态度。因此对于能给予他们这些利益的狐也持一种开放和欢迎的态度。加上蒲松龄天马行空的想象和创造，人与狐的对话，人与自己的阴影的对话就被演绎得摇曳生姿、美不胜收。

3.3 小结

本章第一部分从狐狸精原型的历史发展过程入手，分析了狐狸精作

---

① 袁世硕，徐仲伟. 蒲松龄评传 [M]. 南京：南京大学出版社，2011:110.

为阴影的形成过程，在个体的、集体的、原型层面的几个内涵，以及具有动物性、自主性和动力性等特征；接下来结合《聊斋志异》狐小说文本，归纳了主人公们的六类人格特征（人格面具），并指出人格面具过度展现和膨胀对人的生活造成了困扰，诱发了阴影即狐祟现象的出现。第二部分从人和狐两个角度，探讨了从哪里来到哪里去的问题：首先从异乡着手，分析了狐和人均是在背井离乡的情境下相遇，异乡提供了反思的距离，也提供了相遇的可能；紧接着是各自的方向和目标——狐试图融入人类的生活，得到主流社会的认可，而失意中的人则试图从狐身上寻找精神的寄托，建造美丽完整的精神家园。

第4章
作祟与捉狐：与阴影的搏斗

"有无相生，难易相成，长短相形，高下相盈，
音声相和，前后相随。"

——《道德经》第二章

　　两汉以来，我国文献典籍中记载了许多狐作祟现象。明清时期是中国狐文化的鼎盛时期，《聊斋志异》中就有许多狐作祟的故事。《聊斋志异》中狐作祟主要有性蛊惑、恶作剧、报复行为、善意捉弄等形式。与传统记载相比，《聊斋志异》中狐作祟呈现出体系化、成熟化、理性化、世情化等新特征。《聊斋志异》中狐作祟故事包含着深厚的历史底蕴和丰富的文化内涵，它是汉代以来狐崇拜妖兽化的推衍和发展，是民间信仰中巫术文化渔财猎色的反映，包含了人类自我力量的展现和确证，其中的人狐关系最终走向了融合与超越。①

　　人格面具与阴影是相互对应的原型意象。我们倾向于掩藏我们的阴影，同时也倾向于修饰与装扮我们的人格面具。从心理分析的意义上来说，当我们把自己认同于某种美好的人格面具的时候，我们的阴影也就愈加阴暗。两者的不协调与冲突，将带来许多心理上的问题与障碍。②

　　本章将通过对 82 篇狐小说中的作祟情节进行分析，探讨人格面具与阴影之间的重要互动形式之一——对抗。

---

　　①　付岩志.论《聊斋志异》中狐作祟现象的形式、特征及文化内涵［J］.明清小说研究，2011(01)：149-157.

　　②　申荷永.荣格与分析心理学［M］.北京：中国人民大学出版社，2012:68.

4.1　作祟：阴影的危害

他有时顺从，有时反抗，有时则赐予爱。只有当他忽视阴影的存在，对阴影产生误解之际，阴影才会变得充满敌意（荣格等著，张月译，1989）。"仔细地考察这种黑暗特征——也就是组成阴影的劣根性——就会揭示出，它们具有富于情绪的（emotional）天性，一种自主性，以及相应地所具有的一种强迫的（obsessive），或者更好的说法是一种占据性的（possessive）特征。顺便提一句，情绪不是个人的活动而是一些发生在阴影身上的事。感情通常出现在适应最差的地方，同时，它们揭示了软弱的原因，也就是一定程度的劣势和低水平人格的存在。这种低水平，加之他不可控制或者几乎无法控制的情绪，于是，个人就表现得或多或少像个原始人，他们不仅是情绪的被动受害者，同时也无法进行道德判断。"①

4.1.1　祟与狐祟

1. "祟"与"狐祟"

作祟是狐精最为常见的行为特征。狐精幻化为人有的能与人友好相处，但有的又常常以作祟的方式捉弄甚至害人。《说文解字》卷一"示部"解释："祟，神祸也。"段玉裁注："谓鬼神作灾祸也。"《古代汉语常用字字典》对祟的解释是："祟，鬼神作怪。"狐祟即狐运用自身的法术和神通给人类带来了灾祸、困扰等不良后果的现象。在《聊斋志异》中，狐作祟或有作祟情节的故事有 40 余篇。

狐祟现象是狐文化历史发展过程中的一个重要内容，它的发生发展有其历史的原因，也有着时代背景、人类对自身的认识等方面的因素。

---

① 荣格 . 情结与阴影 [M]. 长春：长春出版社，2014：180.

首先，狐作祟是汉代以来狐崇拜妖兽化的推衍和发展，狐狸从瑞兽向妖兽发展必然导致狐祟现象的发生。

其次，狐祟的社会现实来源是民间信仰中巫术文化渔财猎色的反映。

最后，狐祟现象包含了人类自我力量的展现和确证。面对作祟的狐狸，人类有能力凭借自己的勇猛、智慧和德性战胜它，如《卷四·捉鬼射狐》《卷五·农人》中人类以武力战胜狐狸；人类还凭借德性和智慧取得胜利，如《卷一·青凤》《卷一·狐入瓶》《卷一·贾儿》等。

2. 狐狸精作祟的特点

通过对这 40 多篇狐祟小说的分析和整理，我们发现这类小说具有以下几个特点：

（1）狐作祟的动机多种多样，有狐自身作为动物本性如喜欢恶作剧、捉弄人等的一面，也有人类自身的原因，如品行不端、侵犯狐狸等。

（2）狐作祟的形式有普通的骚扰、运用法术幻化以及蛊惑等。

（3）狐作祟时，通常在暗处，作祟的时间、地点、方式完全由狐掌握，被祟的人类通常莫名其妙、不明就里，基本处于被动应对的状态。

（4）人类面对狐祟并不是完全没有办法，在一定程度上狐祟可以通过人狐对话解决。

4.1.2 作祟的动机

狐作祟的原因有多种。

1. 睚眦必报：人与狐之间有一些小冲突，而导致狐作祟。

人对狐无礼被惩罚，如："阿叔畏君狂，故化厉鬼以相吓，而君不动也。今已卜居他所，一家皆移什物赴新居，而妾留守，明日即发矣。"因为厌恶耿去病的狂妄和对青凤的追求，狐叟变成厉鬼吓唬他。（《卷一·青凤》）西邻子见色起心被婴宁惩罚。（《卷二·婴宁》）"直隶有巨家，欲延师。忽一秀才，踵门自荐。主人延入。词语开爽，遂相知悦。"后来胡氏求娶主人的女儿被拒，狐气不过主人的傲慢，幻化出狐兵与主人家开战。（《卷三·胡氏》）；"长山居民某，暇居，辄有短客来，久与扳谈。素不识其生平，颇注疑念。……自是，日辄一来。时向人假器具；或吝不与，则自失之。群疑其狐。"（《卷三·小髻》）狐妾惩罚称呼自己"狐夫人"的仆人，惩罚起了色心的张公，小惩贪得无厌、挥霍无度的女婿亓生。（《卷三·狐妾》）姬生嘲笑狐偷窃，狐捉弄书生引诱其盗窃。（《卷十二·姬生》）

人类忘恩负义被惩罚，如："武孝廉石某，囊资赴都，将求铨叙。至德州，暴病，唾血不起，长卧舟中。仆篡金亡去。石大患，病益加，资粮断绝，榜人谋委弃之。"狐妇用自己的丹药治好了武孝廉的病，后来武孝廉却要杀她，狐妇一怒之下索回丹药，武旧病复发死亡。（《卷五·武孝廉》）"穆生，长沙人，家清贫，冬无絮衣。""一夕枯坐，有女子入，衣服炫丽而颜色黑丑"，穷书生收了狐女很多财物，后来却嫌弃她，被惩罚。（《卷八·丑狐》）人不顾情意趁狐睡着想要用网捉狐，狐捉弄书生，把他扔在困住老虎的陷阱上，以"网"还"网"。（《卷十二·浙东生》）。

2. 助人惩恶：帮助人类惩罚为非作歹或品行不端之人。

如，小狐惩治骗人的巫婆，"语次入城，至巫家……巫错愕不知所出。正回惑间，又一石子落，中巫，颠蹶；秽泥乱坠，涂巫面如鬼。惟哀号乞命。张请恕之，乃止。巫急起奔，遁房中，阖户不敢出"。"由是每独行于途，觉尘沙渐渐然，则呼狐语，辄应不讳。虎狼暴客，恃以无恐。如是年余，愈与胡莫逆。"（《卷四·胡四相公》）诈骗团伙设局诈骗旅客，狐帮助人揭穿并惩罚恶人，"邑有吴生，字安仁。三十丧偶，独宿空斋"，"有秀才来与谈，遂相知悦……久而知其为狐"。(《卷四·念秧》)狐化巨人惩罚好友杨万石泼辣蛮横、虐待家人的妻子。(《卷六·马介甫》)某生"蓄媚药"被狐小惩，差点害人害己。(《卷六·狐惩淫》)奸商受惩罚，报应。"金陵卖酒人某乙，每酿成，投水而置毒焉；即善饮者，不过数盏，便醉如泥。以此得'中山'之名，富致巨金。""次日僧来，设坛作法。邻人共观之，乙亦杂处其中。忽变色急奔，状如被捉；至门外踣地，化为狐，四体犹着人衣。"(《卷九·金陵乙》)。

3. 性欲：狐对人主要基于性需求而非爱情的性蛊惑。

"万村石氏之妇，祟于狐，患之，而不能遣。"(《卷一·狐入瓶》)"妇独居，梦与人交；醒而扪之，小丈夫也。察其情，与人异，知为狐。"(《卷一·贾儿》)"贵脉而有贱兆，寿脉而有促征"，狐女以色诱害死董生。(《卷二·董生》)"阿姊狠毒，业杀三人矣，惑之，罔不毙者。妾幸承溺爱，不忍见灭亡，当早绝之。"(《卷二·胡四姐》)"一日，生坐斋头，有少年来求画，姿容甚美，意颇儇佻。诘所自，以'邻村'对。嗣后三两日辄一至。稍稍稔熟，渐以嘲谑；生狎抱之，亦不甚拒，遂私焉。由此往来昵甚。"(《卷二·侠女》)黄九郎利用自己的男色迷惑有权有势的抚公。(《卷三·黄九郎》)"太史某，为狐所魅，病瘠。符禳既穷，乃乞假归，冀可逃避。"(《卷三·伏狐》)"沧客家颇裕……沧客又内邑中倪氏女，大嬖之。""方欲展寒温，海石忽惊曰：'兄有灭门之祸，不知耶？'沧客愕然，莫解所以。"(《卷三·刘海石》)"后数年，山南有贵家女，苦狐缠祟，敕勒无灵。"(《卷五·农人》)狐女在田间与人野合，与宗相若在一起后又纵欲无度导致宗生病。(《卷五·荷花三娘子》)"适官署多狐，宰有女为所惑。"(《卷八·盗户》)"后三年，济南游击女为狐所惑，百术不能遣。"(《卷十·牛同人》)

4. 复仇：人类对没有恶意的狐族全家痛下杀手，引起狐复仇。

"曹州李姓者，邑诸生。家素饶，而居宅故不甚广；舍后有园数亩，荒置之。""一日，有叟来税屋，出直百金。"李生用火药谋害了毫无恶意的狐叟全家，狐叟等待时机，引诱李生加入强盗，鼓动其自立为王，与朝廷对抗，最后令其兵败全家被杀，报了灭门之恨。(《卷二·九山王》)"诸城邱公为遵化道。""狐亦畏公刚烈，化一妪告家人曰：'幸白大人：勿相仇。容我三日，将携细小避去。'傲慢的遵化道邱公，不顾狐族求饶，炮轰狐的居所，杀了狐族全家，狐叟密告其"克削军粮"，"公由此罹难"，复仇成功。(《卷二·遵化署狐》)

5. 善意嘲弄：狐对人完全没有恶意的捉弄。

狐幽默风趣，捉弄众宾客，"狐谐甚，每一语，即颠倒宾客，滑稽者不能屈也。群戏呼为'狐娘子'"。(《卷四·狐谐》)狐女众姐妹与毕怡庵戏酒取乐。(《卷五·狐梦》)狐带着书生赴宴的一次奇遇，"挽生臂，疾如乘风，可炊黍时，至一城市。入酒肆，见坐客良多，聚饮颇哗，乃引生登楼上……方一注想，觉身不自主，眩堕楼下。饮者大骇，相哗以妖。生仰视，竟非楼上，乃梁间耳"。(《卷六·河间生》)狐狸变成阿绣的样子，迷惑刘子固，战乱中救了真阿绣，成全了刘生和阿绣的婚事。(《卷七·阿绣》)张鸿渐思念妻儿想让狐女送他回家，狐女用法术捉弄他，"方曰：'君以我何人也？'张审视竟非方氏，乃舜华也。以手探儿，一竹夫人耳。大惭无语。女曰：'君心可知矣！分当自此绝矣，犹幸未忘恩义，差足自赎。'"(《卷九·张鸿渐》)狐捉弄梦想功名的名士，"王子安，东昌名士，困于场屋。入闱后，期望甚切。近发榜时，痛饮大醉，归卧内室。忽有人白：'报马来。'王踉跄起曰：'赏钱十千！'家人因其醉，诳而安之曰：'但请睡，已赏矣。'"(《卷九·王子安》)

6. "祟"亦有道：狐的作祟也会遵从一定的道德规范，有自己的底线。

狐盗取金爵用完后，还会送回，"始知千里之物，狐能摄致，而不敢终留也"。(《卷一·狐嫁女》)狐不愿意帮助希望不劳而获的秀才，就用法术下起了雨钱捉弄他，最后还指责他："我本与君文字交，不谋与君作贼！便如秀才意，只合寻梁上君子交好得，老夫不能承命！"(《卷四·雨钱》)狐作祟被抓住，李太史不忍心伤害它，"乃数其罪而放之，怪遂绝"。(《卷九·陵县狐》)

7. 好为人师：狐以作祟的方式教导书生，帮助他们在学业上获得进步。

"郭生，邑之东山人。少嗜读，但山村无所就正，年二十余，字画多讹。"狐用涂鸦的方式教导他写文章。(《卷五·郭生》)"平城冷生，少最钝，年二十余，未能通一经。""忽有狐来，与之燕处。每闻其终夜语，即兄弟诘之，亦不肯泄。如是多日，忽得狂易病：每得题为文，则闭门枯坐；少时，哗然大笑。窥之，则手不停草，而一艺成矣。脱稿，又文思精妙。"(《卷六·冷生》)

8. 动机不明：还有一些小说中没有交代原因的作祟。

"一日，昼卧，仿佛有物登床，遂觉身摇摇如驾云雾。"(《卷一·捉狐》)"董侍读默庵家，为狐所扰，瓦砾砖石，忽如雹落。家人相率奔匿，待其间歇，乃敢出操作。"(《卷一·焦螟》)"李公著明，睢宁令襟卓先生公子也。为人豪爽无馁怯。为新城王季良先生内弟。""季良家多楼阁，往往见怪异。公常暑月寄宿，爱阁上晚凉。或告之异，公笑不听，固命设榻。"(《卷四·捉鬼射狐》)"益都岳于九，家有狐祟，布帛器具，辄被抛掷邻堵。"(《卷六·胡大姑》)"泰安张太华，富吏也。家有狐扰，遣制罔效。"(《卷六·周三》)"与邑人彭二挣并行于途，忽回首不见之，惟空塞随行。但闻号救甚急，细听则在被囊中。"(《卷十·彭二挣》）"牛过父室，则翁卧床上未醒，以此知为狐。怒曰：'狐可忍也，胡败我伦！关圣号为"伏魔"，今何在，而任此类横行！'因作表上玉帝，内微诉关帝之不职。"（《卷十·牛同人》）

一般而言，阴影具有不道德或至少不名誉的特性，包含个人本性中反社会习俗和道德传统的特质。阴影基本等同于弗洛伊德的"本我"，它是人类原始动物性的一面，是本性的真实显现。阴影也常被认为是人格的黑暗面，也是人类的黑暗深渊，它远离光明，一度是懒惰、骄傲、嫉妒、贪婪、欲望、邪恶等一切不合道德伦理和社会规范的代名词，它使人类充满羞耻感与罪恶感，因而一般不被自己内心接受与认同，而是一贯被自我压抑、厌恶、掩盖甚至痛恨，被自我拒绝和防卫，因此通常被弃之于广袤的无意识中，由此，"阴影无法由自我直接经验，所以它被投射到他人身上"，通常被投射到自己不喜欢或憎恨的人或物上。由于狐狸精原型自身具有作为动物狐的狡诈、邪恶的一面，人类便将自己动物本性如残忍、贪婪、任性、破坏性等负性的一面投射到凡狐和妖狐身上，这一点在上述对狐祟动机的分析中得到了充分的体现。

4.1.3 作祟的方式

狐作祟的方式主要有骚扰、幻化、蛊惑、精心策划等几种。

1. 骚扰

骚扰主要表现为投砖掷瓦、撒土扬灰、偷盗财物、出火等。这类作祟并不是蓄意的，基本上属于狐狸动物性喜欢捉弄人类的一种表现。抛砖掷瓦，如《卷一·焦螟》中，"董侍读默庵家，为狐所扰，瓦砾砖石，忽如雹落，家人相率奔匿，待其间歇，乃敢出操作"。投石涂泥、撒土扬灰，如《卷四·胡四相公》，"语次入城，至巫家……巫错愕不知所出。正回惑间，又一石子落，中巫，颠蹶；秽泥乱坠，涂巫面如

鬼"，"由是每独行于途，觉尘沙淅淅然，则呼狐语，辄应不讳。虎狼
暴客，恃以无恐。如是年余，愈与胡莫逆"。破坏家用，如《卷六·胡
大姑》，"益都岳于九，家有狐祟，布帛器具，辄被抛掷邻堵。蓄细葛，
将取作服，见捆卷如故，解视，则边实而中虚，悉被剪去。诸如此类，
不堪其苦。"挪动器物，如《卷九·陵县狐》，"陵县李太史家，每见
瓶鼎古玩之物，移列案边，势危将堕。疑厮仆所为，辄怒谴之。仆辈
称冤，而亦不知其由，乃严扃斋扉，天明复然"。偷人东西，如《卷
三·小髻》，狐狸"时向人假器具，或吝不与则自失之"。盗人钱财，
如《卷十二·姬生》，"南阳鄂氏，患狐，金钱什物，辄被窃去。迁之，
祟益甚"。

出火，如《卷三·小髻》："一更向尽，闻穴中戢戢然，似数十百
人作耳语。众寂不动。俄而尺许小人，连逶而出，至不可数。众噪起，
并击之。杖杖皆火，瞬息四散。惟遗一小髻如胡桃壳然，纱饰而金线。
嗅之，骚臭不可言。"狐不仅身上带火，尾巴出火，眼睛也是两团火，
甚至能化火。《聊斋志异》中多篇作品记述了狐化火，或者狐眼是火，
如《卷三·犬灯》《卷四·双灯》。另外，狐还以偷人衣物、学人说话、
冒充某人等方式骚扰人们。

2. 幻化

传说中，狐善于幻化，狐五十岁能化成人形，"百岁为美女"。道
行深的狐狸精能做出各种幻化，它们常常用这种方式捍卫自己的权利。
《卷二·婴宁》，婴宁将一段朽木变成自己的模样捉弄好色的西邻子，
"女指墙底笑而下，西人子谓示约处，大悦。及昏而往，女果在焉，就
而淫之，则阴如锥刺，痛彻于心，大号而踣。细视非女，则一枯木卧
墙边，所接乃水淋窍也"。《卷三·胡氏》，胡氏因不满主人嫌弃自己
是异类拒绝自己求婚亲的请求而发怒，幻化出狐兵与主人家对峙，"次
日，果有狐兵大至：或骑或步，或戈或弩，马嘶人沸，声势汹汹。主

人不敢出。狐声言火屋，主入益惧。有健者，率家人噪出，飞石施箭，两相冲击，互有夷伤。狐渐靡，纷纷引去。遗刀地上，亮如霜雪，近拾之，则高粱叶也"。《卷九·张鸿渐》，长期逃亡在外的张鸿渐因思念家中妻儿，"夜谓女曰：'卿既仙人，当千里一息耳。小生离家三年，念妻孥不去心，能携我一归乎？'"狐女虽然不乐意，但还是答应了。但在第一次送张回家时，用法术变成他的妻儿捉弄他，当张沉浸在夫妻团聚的喜悦中，"方曰：'君以我何人也？'张审视竟非方氏，乃舜华也。以手探儿，一竹夫人耳。大惭无语。女曰：'君心可知矣！分当自此绝矣，犹幸未忘恩义，差足自赎。'"狐用法术试探出张的确思念家人，但对她也是真心的，所以不久之后还是送他返回了故里。

《卷六·马介甫》中狐变化成巨人惩罚泼妇的情节让人看得心惊肉跳也特别解恨："妇在闺房，恨夫不归，方大恚忿；闻撬扉声，急呼婢，则室门已辟。有巨人入，影蔽一室，狰狞如鬼。俄又有数人入，各执利刃。妇骇绝欲号。巨人以刀刺颈曰：'号便杀却！'妇急以金帛赎命。巨人曰：'我冥曹使者，不要钱，但取悍妇心耳！'妇益惧，自投败颡。巨人乃以利刃画妇心而数之曰：'如某事，谓可杀否？'即一画。凡一切凶悍之事，责数殆尽，刀画肤革，不啻数十。末乃曰：'妾生子，亦尔宗绪，何忍打堕？此事必不可宥！'乃令数人反接其手，剖视悍妇心肠。妇叩头乞命，但言知悔。俄闻中门启闭，曰：'杨万石来矣。既已悔过，姑留余生。'纷然尽散。"这次惩罚起到了不错的效果，杨万石蛮横无理的妻子之后安分了一段时间。

《卷五·狐梦》中，众狐女用戏法变成酒杯让毕怡庵喝酒逗乐的场面颇为有趣："大姊见毕善饮，乃摘髻子贮酒以劝。视髻仅容升许；然饮之，觉有数斗之多。比干视之，则荷盖也。二娘亦欲相酬。毕辞不胜酒。二娘出一口脂合子，大于弹丸，酌曰：'既不胜酒，聊以示意。'毕视之，一吸可尽；接吸百口，更无干时。女在旁以小莲杯易合子去，曰：'勿为奸人所弄。'置合案上，则一巨钵。二娘曰：'何预汝事！三日郎君，便如许亲爱耶！'毕持杯向口立尽。把之，腻软；审之，非杯，乃罗袜一钩，衬饰工绝。二娘夺骂曰：'猾婢！何时盗人履子去，怪足冰冷也！'遂起，入室易舄。"这种并无恶意的幻化只是出于取乐，可能会让人有些尴尬，但并没有给人带来实质上的伤害。

3. 蛊惑

蛊惑，这也是狐作祟较为常见的一种形式，性蛊惑是出现频次最多的。民间把性蛊惑称作狐狸精缠人，主要指没有爱情基础的狐狸精强行附身。狐狸精附身之后，常常使人神智迷乱，行动不能自主。如《卷一·贾儿》中，贾儿的母亲患上"狐魅疾"之后，"自是则狂，歌哭叫詈，日万状。夜厌与人居，另榻寝儿，媪亦遣去"。

还有一些蛊惑是因为人类自身品行存在瑕疵引起的，《卷六·狐惩淫》，"生素不羁，好蓄媚药，不知何时狐以药置粥中，妇食之，觉有脑麝气，问婢，婢云不知"。狐在书生的妻子的粥中投放媚药，诱惑其去勾引客人。男主人行为不端，被狐狸精加以利用，差点害了自己的妻子。《卷十二·姬生》，狐狸没有偷姬生准备好的用来引诱它的金钱和菜肴，反而送了一壶酒过来，"嗅酒而香，酌之色碧绿，饮之甚醇。壶尽半酣，觉心中贪念顿生，暮然欲作贼。便启户出。思村中一富室，遂往越其墙。墙虽高，一跃上下，如有翅翎。入其斋，窃取貂裘、金鼎而出。归置床头，始就枕眠"。姬生自己意志不够坚定，心生贪念，才受到蛊惑去盗窃。《卷三·黄九郎》中，何子萧因沉迷于狐男黄九郎的美色而死亡。"君有鬼脉，病在少阴，不自慎者殆矣！"为了帮助复活后的何子萧对付霸道淫威的上司，"命九郎饰女郎，作天魔舞，宛然美女"。结果黄九郎又将有权有势的抚公色诱致死。从生物学的角度来说，同性恋对人体的健康和人类种族的繁衍是不利的，何况是人狐之间。所以蒲松龄在篇末以异史氏曰的方式批评了这种行为。

4. 精心策划

民间认为狐多恩怨分明，有仇必报，毫不含糊。《卷二·九山王》中，李生用数百斤硝硫将一个狐狸家族几乎消灭殆尽，只有狐叟一人侥幸逃脱。君子报仇，十年不晚。多年以后，借助盗匪作乱，"山中群盗窃发，啸聚万余人，官莫能捕"，狐叟精心设下计谋，使李生自立为王，引发朝廷派来大兵剿匪，结果李生"被擒，妻孥戮之"。异史氏曰评论"夫人拥妻子，闭门科头，何处得杀？即杀，亦何由族哉？狐之谋亦巧矣。而壤无其种者，虽溉不生；彼其杀狐之残，方寸已有盗根，故狐得长其萌而施之报"。李生残忍杀害了狐族全家，最后自己也被族诛是罪有应得，但狐叟能忍辱负重，抓住时机利用对方的"盗根"步步为营展开自己的复仇计划，实在非常巧妙。《卷二·遵化署狐》中，狐惧怕新上任的邱公，化一老妪求饶："幸白大人：勿相仇。容我三日，将携细小避去。"但刚愎自用的邱公不予理会，"使尽扛诸营巨炮骤入，环楼千座并发；数仞之楼，顷刻摧为平地，革肉毛血，自天雨而下"。最后，狐叟"讦公克削公粮，蠹缘当路"使邱公"罹难"。这也是一个狐等待时机，复灭门之仇的故事。

从特点来看，阴影不完全受自我控制，具有自主性和动力性。阴影会自发地表现出来，占据和控制自我，而自我却很少意识到它的存在。狐通过各种形式的作祟出现在人的面前，融入人的生活，人既不能控制它的出现，也无法逃避它的干扰。狐祟其实是阴影自我表达的一种方式，其目的在于向人的"自我"展示自己的存在。而自我就像黑暗圣斗士，认为自己总是正义的、高尚的、无辜的，而他人总是邪恶的、黑暗的、值得批判的，并且认为这种感觉与认知理所当然。此时，人和狐的关系如同人和自己的阴影的关系：尽管人试图回避，狐即阴影仍然将一切个人不愿意承认的东西直接或间接地展示在人的面前。

阴影的这一特点鲜明地体现在狐祟的几个特征中。狐祟动机的多样性正是人类阴影中包纳内容的多样性决定的，如人类的残忍、善妒、贪财、好色、妄自尊大、目中无人，等等。从作祟的方式来看，骚扰、幻化、蛊惑、精心策划，这些都给人带来了困扰，都是人极力想要避免的，但越是回避就越可能发生。如《卷一·贾儿》，贾人常年在外经商，他年轻貌美却独守空房的妻子一方面会有生理和心理的需求，另一方面很可能她也有追求者。这是贾人、贾儿以及当时的世俗所不容的，所以对这种出轨的承认就只能以狐狸精的性蛊惑——阴影的方式出现。又如《卷六·马介甫》，讲述了一个悍妻懦夫的故事。惧内是父权文化中男性的一个阴影。在家庭生活中，妻子的位置非常重要，她在很多方面为家庭做出了巨大的贡献，即使悍妇也并非一无是处，并且刁钻蛮横习性的养成也常常是丈夫纵容、娇惯的结果。当男人懦弱到服用了"丈夫再造丸"依然不能直面强悍的妻子，捍卫家庭的完整和睦时，最后只能以众叛亲离、家破人亡中止。杨万石得到狐友的帮助，重振家业，生活幸福，而他的妻子却走上了一条改嫁、被侮辱、守寡、乞讨的不归路。这种对阴影的驱逐，是否真的能挽救杨万石？他扶正的小妾会否温良柔顺如从前，还是会在与杨万石的相处中，也渐渐有了强悍之气？狐的介入，可以帮助人认识阴影，如果杨万石能够抓住马介甫提供的机会，认真反思自己惧内的真正原因，与妻子深度沟通，达成共识和谅解，也许这样的悲剧就不会发生。但有此智慧和勇气的男性着实不多。

4.1.4　后果

狐祟给人类生活带来的影响是多方面的，可归纳如下。

1. 不堪其苦

由于狐祟的突发性，遇到狐祟的人常常不堪其苦。胡氏与主人翻脸后常常带领狐兵骚扰主人，闹得主人家鸡犬不宁，叫苦不迭。"主人适登厕，俄见狐兵张弓挟矢而至，乱射之，集矢于臀。大惧，急喊众奔斗，狐方去。拔矢视之，皆蒿梗。如此月余，去来不常，虽不甚害，而日日戒严，主人患苦之。"（《卷三·胡氏》）岳于九家面对狐祟完全没有办法，"益都岳于九，家有狐祟，布帛器具，辄被抛掷邻堵。蓄细葛，将取作服；见捆卷如故，解视，则边实而中虚，悉被剪去。诸如此类，不堪其苦"。（《卷六·胡大姑》）浙东生房某趁着狐女睡着想要用猎网捉住她，没想到"女忽化白气，从床下出，恚曰：'终非好相识！可送我去。'"盛怒之下，狐女把他丢到了"虎网"上，吓得他半死。"以手曳之，身不觉自行。出门，凌空翕飞。食顷，女释手，生晕然坠落。适世家园中有虎阱，揉木为圈，结绳作网以覆其口。生坠网上，网为之侧；以腹受网，身半倒悬。下视，虎蹲阱中，仰见卧人，跃上，近不盈尺，心胆俱碎。"（《卷十二·浙东生》）

2. 不能遣之

对于有些狐祟，人类完全没有办法应付，特别是在男狐祟女的故事中。如："万村石氏之妇，祟于狐，患之，而不能遣。"（《卷一·狐入瓶》）"后数年，山南有贵家女，苦狐缠祟，敕勒无灵。"（《卷五·农人》）"后三年，济南游击女为狐所惑，百术不能遣。"（《卷十·牛同人》）"泰安张太华，富吏也。家有狐扰，遣制罔效。"（《卷六·周三》）

3. 性命之忧

妖狐附身不仅迷惑人的神志，还通过与人交合采补精血，其结果往往是医药无济，病重身亡。如《卷二·董生》中，董生因迷恋狐女的美色"吐血斗余而死"。《卷五·荷花三娘子》中，宗相若与狐女交往一段时间之后，"过数日，悄然忽病。女每夕携佳果饵之，殷勤抚问，如夫妻之好。然卧后必强宗与合"。尽管在清代人狐之恋已经成为狐狸精故事中的常态，但人狐殊途，阴阳异路，有些道行不深、修炼不够的狐狸精与人发生性行为往往使人形衰体弱，甚至命丧黄泉。

裴铏《传奇·孙恪》有一段文字说："夫人禀阳精，妖受阴气。魂掩魄尽，人则长生；魄掩魂消，人则立死。"说的正是这方面的危害。

4. 自我调整

部分故事中，人类遭遇了狐祟后能及时调整自己的行为，狐祟自然就消失或者转化为好事了。如《卷六·马介甫》中，杨万石的妻子被狐化成巨人惩罚以后，"由是妇威渐敛，经数月不敢出一恶语"。马介甫也就没有继续再为难她。《卷五·郭生》中，郭生经过王生的提醒明白狐涂抹他的习作是在指导他写文章，于是他决定拜狐为师，结果科考节节顺利。"郭以是德狐，恒置鸡黍，备狐啖饮。每市房书名稿，不自选择，但决于狐。由是两试俱列前名，入闱中副车。"《卷六·狐惩淫》中，书生知道妻子误食了狐投放的媚药，差点闹出人命，"生叹曰：'此我之淫报也，于卿何尤？幸有良友；不然，何以为人！'遂从此痛改往行，狐亦遂绝"。不过，这种调整有时只是一种暂时的妥协，而不是真正做到了接纳阴影并与之和睦共处，他们的境况也很难得到实质性的改善。如，杨万石并没有与妻子认真沟通，找到解决家庭矛盾的方法，他的妻子也很快故态复萌，变本加厉地虐待他和家人；春风得意的郭生渐渐骄傲起来，鄙夷狐师的指点，重新成为一个庸碌无才之人。

4.1.5　小结

与以往狐作祟现象多是满足人们搜奇猎趣的需要，屈服于狐狸的超人法力或以法术征服狐狸相比，《聊斋志异》对狐作祟现象的描写表现了新的特征。首先，狐作祟现象的体系化。这表现为《聊斋志异》中狐作祟从动机、方式到结果都比较完整，构成了比较丰富的狐作祟体系。这种体系化的狐祟故事十分有利于人类将自己的阴影系统地投射于狐狸精这一富有争议的原型意象之上。

其次，就狐狸本身而言，蒲松龄也把狐狸分为很多种类，如凡狐、妖狐、仙狐与天狐等。在人间作祟的主要是凡狐和妖狐，仙狐与天狐一般不作祟。有时，即使是狐狸兄弟也有所不同。《卷四·胡四相公》中，张虚一与胡四相公结下了深厚的友谊："一夕共话，忽墙头苏然作响，其声甚厉。张异之，胡曰：'此必家兄。'张云：'何不邀来共坐？'曰：'伊道业颇浅，只好攫得两头鸡啖，便了足耳。'"在以狐制狐的《卷六·周三》中，狐狸周三就说那些作祟的狐狸"实繁有徒，不可善谕，难免用武"。人与狐的关系究竟如何，人得到的是胡四相公这类狐友，还是作祟的妖狐，如同阴影与我们为友或为敌一样，在很大程度上取决于我们自己。对于个体来说，狐即阴影并不一定总是对手。实际上，阴影宛如一个你不得不与之交往的活生生的人，你必须根据形式的需要适时调整自己，以便与他和睦相处。

4.2　捉狐

"阴影是一个道德问题，挑战着整个自我人格，因为，如果没有相当多的道德努力，就没有人能意识到阴影。要想意识到它，就要承认人格的黑暗面是存在的和真实的。这个行为对于任何类型的自知都是必不可少的条件，因此，作为一种规则，它遭遇到了相当多的阻抗。"[①]这种阻抗体现在狐小说中就是捉狐。

一方面，狐狸的作祟形式多样，来去无踪；另一方面，人类的应对手忙脚乱、焦头烂额。当矛盾完全激化，对抗达到顶峰，人类便会着手捉狐。但是人在明处，狐在暗处，捉狐很难一帆风顺，结局有可能

---

① 荣格.情结与阴影[M].长春：长春出版社，2014：180.

是两败俱伤。

4.2.1　面对狐祟的选择

不同的人面对狐祟时会有不同的选择，有人想杀之而后快，有人想办法自己或找术士驱狐或收狐，有人却在抓住狐狸之后又放了它。人与狐的对峙及关系的恶化或改善往往在人类一念之间形成。

1. 杀狐

受到狐各种形式的骚扰，人不堪其苦，想要消灭狐，永绝后患。如《卷一·狐入瓶》，万村石氏之妇不堪狐的性骚扰将狐困于瓶中并用开水烫死，"妇急以絮塞瓶口，置釜中，燂汤而沸之"。《卷三·小髻》中，村民们发现了作祟的狐狸住在村北的古冢中，就一起手持工具到村外灭狐，"俄而尺许小人，连遭而出，至不可数。众噪起，并击之。杖杖皆火，瞬息四散"。也有人自己心术不正，却认为狐妨碍了自己想要除掉狐，如《卷五·武孝廉》中，狐妇醉酒后现了原形，外出归来的武孝廉刚好撞到，"未几，石入，王告以异。石欲杀之。王曰：'即狐，何负于君？'石不听，急觅佩刀"。

2. 收狐

收狐即捉狐，把作祟的狐狸抓起来。有胆大的人自己动手捉狐，如，《卷一·捉狐》中的孙翁，睡觉时被狐祟，"甫及腹，翁骤起，按而捉之，握其项。物鸣急莫能脱"。《卷十二·浙东生》中的浙东生，表面与狐女相好，暗地里却心生歹念，试图捉住狐女，"一日，女卧床头，生潜以猎网蒙之。女醒，不敢动，但哀乞。生笑不前"。《卷九·陵县狐》，李太史和他家的仆人们发现了作祟的狐狸，"恐其遁，急入捉之。狐啮腕肉欲脱，仆持益坚，因共缚之。举视，则四足皆无骨，随手摇摇若带垂焉"。也有人请来神仙或术士收狐，如《卷十·牛同人》中，牛同人两次请来金甲神收走作祟的狐狸。《卷三·刘海石》

中，刘沧客家被新娶的狐狸精小妾倪氏女害得几乎家破人亡，幸亏他精通法术的老同学刘海石到访，发现了问题，帮忙捉住了狐，才免遭灭门之祸。

3. 驱狐

驱狐即把作祟的狐狸赶走。请术士驱狐，如《卷八·丑狐》，穆生嫌弃狐女丑，给的财物又逐渐减少，"生由此心厌之，聘术士至，画符于门"。《卷九·金陵乙》，卖酒人金陵乙迫使狐带他去孙氏家，"见墙上贴巨符，画蜿蜒如龙，狐惧曰：'和尚大恶，我不往矣！'遂去"。找人驱狐，如《卷五·农人》，狐纠缠山南贵家女时说了这么一段话："我罔所怖。但十年前在北山时，尝窃食田畔，被一人戴阔笠，持曲项兵，几为所戮，至今犹悸。"于是女孩的父亲就辗转找到农夫并请他到家里，吓走了狐狸。自己驱狐，如《卷四·捉鬼射狐》，侨居于淄川孙氏府中的益都人，看到"忽有一小人，面北而坐，身不满三尺，绿袍白袜"，别人告诉他这就是作祟的狐狸，他"急取弓矢，对关欲射。小人见之，哑哑作揶揄声，遂不复见"。

4. 放狐

放狐即在捉住作祟的狐之后又将其放走。有的是人心地善良，不忍心伤害狐这种灵物，如《卷九·陵县狐》，"太史念其通灵，不忍杀；覆以柳器，狐不能出，戴器而走。乃数其罪而放之，怪遂绝"。还有一些书生，因为狐曾经对他们很好，感情较深，感念旧情放了被捉的狐精，如《卷二·胡四姐》中的尚生，《卷五·荷花三娘子》中的宗相若。一般情况下，不论出于什么原因主动放走狐狸的人，通常狐都不会再继续回去作祟，有些还会得到较丰厚的回报，如胡四姐在尚生死后度其为鬼仙，狐女帮宗相若娶到了美丽的荷花三娘子。

5. 求饶

人在自己理亏的情况下遇到狐祟，常常会选择求饶的方式，争取获得狐的谅解。如《卷四·胡四相公》，谎称自己家有狐、招摇撞骗的巫婆被胡四相公的手下小狐精用砖砸泥涂之后，"惟哀号乞命。张请恕之，乃止。巫急起奔，遁房中，阖户不敢出。张呼与语曰：'尔狐如我狐否？'巫惟谢过。张仰首望空中，戒勿伤巫，巫始惕惕而出。张笑谕之，乃还"。《卷六·马介甫》，尹氏被马介甫变成的巨人以利刃画心之后，"妇叩头乞命，但言知悔。俄闻中门启闭，曰：'杨万石来矣。既已悔过，姑留余生。'纷然尽散"。

人面对狐祟时的选择折射的是其在面对自己的阴影时的态度，杀狐、收狐和驱狐可以看作是人试图消灭自己的阴影，放狐和求饶则是人试图与自己的阴影进行对话甚至初步接纳阴影。

4.2.2　捉狐

捉狐的过程包括如下几个阶段：

1. 困境（拉锯战）

狐祟让人类的正常生活陷入困境，如前文谈到，人类不堪其苦又不能遣之，有的还有性命之忧。但人在遭遇狐祟的早期也会尝试着与其抗争，有时还会呈现拉锯战的胶着状态。以《卷一·捉狐》为例，孙翁发现了附体的狐，"甫及腹，翁骤起，按而捉之，握其项。物鸣急莫能脱。翁亟呼夫人，以带絷其腰。乃执带之两端，笑曰：'闻汝善化，今注目在此，看作如何化法。'"此时，孙翁以为已经抓住狐了，没想到他话音刚落，"物忽缩其腹，细如管，几脱去。翁大愕，急力缚之，则又鼓其腹，粗于碗，坚不可下；力稍懈，又缩之"。人和狐就这样僵持着，斗智斗勇，看谁能坚持到最后。

又如《卷六·胡大姑》，岳于九家遭遇狐祟，家人不堪其苦"乱诟骂之，岳戒止曰：'恐狐闻。'狐在梁上曰：'我已闻之矣。'由是祟益甚"。有一天，狐突然现身了，岳以礼相待，"揖之曰：'上仙有意

垂顾，即勿相扰。请以为女，何如？狐曰：'我齿较汝长，何得妄自尊？' 又请为姊妹，乃许之。于是命家人皆呼以胡大姑"。并指出"彼喜姨曾不扰人，汝何不效之？"试图与狐达成和解。此后，狐不太骚扰别人了，"而专祟其子妇"，"又使岳子出其妇，子不应。过数日，又促之，仍不应。狐怒以石击之，额破裂，血流，几毙。岳益患之"。

2. 筹划

作祟的狐狸精如此难以应对，便需要精心筹划，才能取得最后的胜利。这一点在《卷一·贾儿》中体现得最为充分。贾儿发现母亲所受狐祟越来越严重，"母裸卧其中；近扶之，亦不羞缩。自是遂狂，歌哭叫骂，日万状"。于是，"儿每闻母笑语，辄起火之。母反怒诃儿，儿亦不为意"，此时他已经初步有了对付狐狸的办法，"儿宵分隐刀于怀，以瓢覆灯。伺母呓语，急启灯，杜门声喊。久之无异，乃离门扬言，诈作欲搜状。欻有一物，如狸，突奔门隙。急击之，仅断其尾，约二寸许，湿血犹滴"。初战告捷他并没有过分高兴，而是跟踪到狐藏身的何氏园中，在里面潜伏了一个晚上，偷听到了几个狐的对话，获取了狐仆人要买酒的信息，并策划了一个非常周密的除狐计划：包括买狐尾、买酒、乞猎药、等待机会、骗取信任、赠送毒酒。一切都滴水不漏，且秘而不宣。最后他的父亲得知一切都是儿子所为时，嗔怪他为什么不早点告诉自己，他却说："此物最灵，一泄，则彼知之。"

3. 求助

在实施除狐计划的过程中，常常需要得到外力的支持。如上面谈到的贾儿，他需要父亲出钱给他买狐狸尾巴，以便需要的时候穿上伪装成混杂于集市中的小狐狸；他需要舅舅猎杀野兽的毒药，以便制成毒酒，毒杀嗜酒的狐狸。有的请来神仙帮助捉狐，如前文提到的《卷十·牛同人》；或花钱找到了术士，如《卷六·胡大姑》"西山李成爻，善符水，因币聘之"；或找强悍的人帮忙，如《卷五·农人》。

4. 实施

接下来就是计划的实施。我们看贾儿是如何实施他的计划的，第一步，是缠着父亲让他给自己买狐狸尾巴，"适从父入市，见帽肆挂狐尾，乞翁市之。翁不顾，儿牵父衣，娇聒之。翁不忍过拂，市焉"。第二步，是准备白酒，"父贸易廛中，儿戏弄其侧，乘父他顾，盗钱去，沽白酒，寄肆廊"。第三步，是获取毒药，配置毒酒，"有舅氏城居，素业猎。儿奔其家。舅他出。妗诘母疾，答云：'连朝稍可。又以耗子啮衣，怒涕不解，故遣我乞猎药耳。'妗捡椟，出钱许，裹付儿。儿少之。妗欲作汤饼啖儿。儿觑室无人，自发药裹，窃盈掬而怀之"。"隐以药置酒中。"第四步，一切准备就绪之后，他开始寻找并接近在何氏园中看到的那个负责打酒的狐仆人。贾儿"遨游市上，抵暮方归。父问所在，托在舅家。儿自是日游廛肆间"。功夫不负有心人，"一日，见长鬣杂在俦中"。他就偷偷系上狐狸尾巴，伪装成出来替父亲打酒的小狐狸，与对方套近乎，并对对方没有钱买酒只能偷酒深表同情，博得了对方的信任，顺势慷慨赠送自己提前准备好的一瓶毒酒。至此，贾儿精心设计的五步除狐计划全部实施完毕。

一些请术士帮忙实施捉狐的故事中，人与术士之间的正面交恶描写得也比较详细。《卷一·焦螟》，董默庵先是带回家一道符咒，"道士朱书符，使归粘壁上"，没想到"狐竟不惧，抛掷有加焉"。惹得道士大怒，"亲诣公家，筑坛作法"，"俄见一巨狐，伏坛下"。恨之入骨的人们纷纷上前攻击这只狐狸解恨，"一婢近击之。婢忽仆地气绝"。道士责怪道："此物猖獗，我尚不能遽服之，女子何轻犯尔尔。"接下来他借婢女之体作法与狐对话："戟指咒移时，婢忽起，长跪。道士诘其里居。婢作狐言：'我西域产，入都者一十八辈。'道士曰：'輦毂下，何容尔辈久居？可速去！'狐不答。道士击案怒曰：'汝欲梗吾令耶？再若迁延，法不汝宥！'狐乃蹙怖作色，愿谨奉教。道士又速之。婢又仆绝，良久始苏。"

5. 结局

结局大致有三种情况：

一是捉狐成功。如《卷一·贾儿》，"至夜，母竟安寝，不复奔。心知有异，告父同往验之，则两狐毙于亭上，一狐死于草中，喙津津尚有血出。酒瓶犹在，持而摇之，未尽也"。狐果然被毒死。如《卷一·焦螟》，"俄见白块四五团，滚滚如球附檐际而行，次第追逐，顷刻俱去。由是遂安"。狐狸被成功赶走。

二是遗留后患。如《卷六·胡大姑》："闻瓶口作人言曰：'岳四狼哉！数年后，当复来。'"狐狸被捉住却依然不依不饶扬言会卷土重来。

三是人与狐达成和解，这主要表现在人类主动放走已经被捉住的狐，如前文所述。

人类捉狐的整个过程，也是人与阴影搏斗的一个完整的过程。首先，人遭遇阴影不知如何是好陷入困境；紧接着思考应对方法；当自己无法解决时会寻求外界的帮助；接下来实施对策，与阴影展开搏斗；最后要么因排斥阴影而两败俱伤，要么一定程度与其达成和解，部分接纳它，完善自己的人格。

4.3　小结

"魔鬼这一神话中的人物是一种对我们认为是恶的痛苦的经验进行投射处理的变式……上帝的形象越光彩夺目，魔鬼的形象就越阴森可怕。表现在个人层面上，理想的自我越清晰，阴影就越昏暗。人们把许多恶事都怪罪于魔鬼，凡是要抵制的东西，尤其是色情方面的东西，都是魔鬼犯下的罪孽。"①狐狸作为一种自然物被人类赋予超自然的文化品性，具有多层次、多侧面、内涵丰富的文化意义。较之此前历史文献、文学作品中的记载，《聊斋志异》中狐作祟现象大大增加，当狐狸作祟时，人们就把它们叫作"狐妖"，认为是它们破坏了人正常的生活，它们是恶的来源，只有赶走或除掉它们，才能让一切恢复常态。但实际上人们是在狐狸精身上投射了那个时代的道德伦理和集体人格不愿承认和接纳的内容。如，对自由恋爱自主婚姻的需求，特别是女性在这方面的需求。因此，在《聊斋志异》的 82 篇狐小说中，没有一篇正面描写人类女性与狐狸精男性之间的爱情的，所有的与狐男发生性关系的女性，都是被狐男迷惑的，都是遭遇了狐祟。

　　"虽然拥有洞察力和优秀的意志，阴影在某种程度上便可以被意识人格同化，但经验表明，某些特征对道德控制有着最顽固的抵抗，并证明几乎是不可能影响到的。这些抵抗通常与投射密不可分，人们并不将其视为投射，并且，对于投射的认识往往是一项过人的道德成就。对阴影的一些独有特质的认识比对自己人格特征的认识更难，在这里，洞察力和良好的意愿都将徒劳无功，因为情绪的起因，毫无疑问，在于他人身上。对于中立的观察者而言，不管这是多么明显的投射，也几乎没有希望使主体自身意识到它。在他愿意从他们的客体中撤除情绪基调的投射之前，他必须确信他投射了一道很长的阴影。"（高岚等，2014，p181）

　　认识和处理阴影固然是一件很不容易的事情，但相比前人和同时代其他作家笔下的狐狸精故事，《聊斋志异》中的狐祟故事呈现出几个新的特点，下面我们结合阴影的影响进行分析：

　　第一，人们对狐作祟反应开始成熟化。面对作祟的狐狸时，人们不

---

　　①　维蕾娜·卡斯特.人格阴影——起破坏作用的生命力量 [M].陈国鹏，译.上海：上海译文出版社，2002:49.

再只是恐慌害怕和顶礼膜拜，而是有了开放的态度和理性的反思。在《卷三·伏狐》中，蒲松龄说"素有嫪毐之目"的某生"宜榜门驱狐，可以为业"，充分反映出人们以轻松、戏谑的心态来面对作祟的狐狸。同时，蒲松龄对狐作祟的分析还指向了人类自身。如《卷六·狐惩淫》中狐祟险酿恶果，是因为某生好蓄媚药；《卷九·金陵乙》中，卖酒人首先以不正当手段牟取暴利，又想去调戏孙家美丽的儿媳妇，才披上狐狸给他的可以隐形的褐衣，结果却被当成狐精捉住，数月而亡。这反映的也正是人们对待自己的阴影的态度趋向成熟化。阴影并不可怕，当它出现的时候，只要不回避，不否认，人们也可以通过自嘲和反思进行处理。

第二，作祟与反作祟斗争中的理性化。首先，从斗争的起因来看，《聊斋志异》中的狐作祟并不都是无缘无故的，有近三分之一写的是作祟有理、作祟有道。如前文谈到的《卷五·武孝廉》《卷六·马介甫》《卷二·婴宁》等中的狐祟。其次，从斗争过程来看，双方不只争强斗狠，有时还比较讲道理。当人讲道理时，狐也会听从，如前文分析的《卷九·陵县狐》。如果人没有道理，就连驱狐的术士也会失灵，如《卷八·丑狐》。阴影是一种与人类如影随形的能量，当人们的人格面具过于强大时，它才会跑出来"作祟"，告诉你不可忽视它的存在。如果人能保持适度的理性，识别阴影，承认阴影，并妥善处理，不要过于被道德标准约束，让自己的人格面具僵化和膨胀从而挤压了人性中另外一面的需求，就能与阴影和睦相处。

第三，狐作祟的世情化。鲁迅在《中国小说史略》中指出："《聊斋志异》独于详尽之外，示以平常，使花妖狐魅，多具人性，和易可亲，忘为异类，又偶见鹘突，知复非人。"狐作祟固然使人害怕，但有时也能助人一臂之力。《卷十二·浙东生》中，房某被狐在半空中丢在虎阱的网上，虽然吓得半死，但他发现此时他已由陕西到了家乡浙江，

"虽得两次死，然非狐则贫不能归也"。在对狐狸世情化的描写中，有
的狐作祟现象不仅没有受到人们的谴责，反而具有了正面的伦理道德
的意义。如《卷三·黄九郎》中，黄九郎以色相惩治了作威作福的抚
公，《卷六·马介甫》中，马介甫化为巨人教训不遵从家庭伦理道德的
尹氏。阴影是一种原型，是个体的也是集体的，它存在于家庭里、朋
友间、官场中，融入人们生活的方方面面，它是世情化了的狐狸精。
狐祟故事在蒲松龄笔下的世情化，正是狐狸精作为我们民族集体阴影
投射成熟化、系统化的突出表现。

第四，狐作祟现象中人狐关系最终走向融合与超越。狐作祟起源于
人类对自然现象的观察与理解，是人类认识自我、认识自然、认识社
会的过程与产物。随着人类生存能力和认知水平的不断提高，狐作祟
则由异于人类生活发展到融入人类生活，也正反映了人们对狐作祟由
对立走向融合、进而实现超越的心理认识过程，这个过程也是人类认
识阴影、接纳阴影、整合人格、实现一定程度的自性化的过程。当狐
作祟异于人类生活时，人们对不熟悉、不能掌握的自然现象心存敬畏，
进而赋予它以超常法力，许多人的精神世界逐渐被这种观念控制，这
也就导致人们对作祟的狐狸虔诚膜拜。与此相应，明初及以前文献与
小说中对狐作祟叙述多比较简单，人们面对作祟的狐狸——阴影的出现
通常会感到恐慌和害怕，要么束手无策、被动承受，要么寄希望于有
法术的和尚、道士来收伏它，这形象地反映出人们对狐作祟现象也即
对阴影破坏作用的迷惘与误解。

《聊斋志异》中，狐作祟故事鲜明地走向了世情化、人情化，其
中散发着十分浓郁的生活气息，狐意象由神性、妖性而渐具人性，逐
步褪去了物类的征象，汇入现实生活之流，阴影也从被抵制、被阻
抗的境遇走向与人对话、融入人格之路。作祟之狐——阴影不仅仅是
与人类现实生活对立的"异类""侵入者"，更是与人类相类似、可

以沟通、可以和解的"他者"。比如，作祟之狐可以为自己作合情合理的辩护。《卷二·莲香》中，莲香就认为性蛊惑的罪过也不应全记在狐狸头上，她对桑生说："如君之年，房后三日，精气可复，纵狐何害？设旦旦而伐之，人有甚于狐者矣。天下病尸瘵鬼，宁皆狐蛊死耶？"阴影的出现有其背后的动力，找出原因，认可它，与其共处，而不是把所有的罪过归结到阴影——狐狸精的头上，简单地否定它，消灭它。人与狐的融合成为《聊斋志异》狐作祟故事取得较高成就的原因，因为作者可以在人狐两个世界中展开自由联想，狐进入人的世界追寻幸福，人进入狐的世界实现自我，而读者可以在幻想的世界中感受作者独特的人生理想和审美情感，得到美的享受和心灵愉悦。这种融合与自由出入人间和狐境的状态，反映的正是阴影在以狐狸精的面貌在中国人的历代文化和生活中逐步形成并最终达到与人类彼此认可、和睦共处、相互依存，直至互相融和的一定程度的民族人格整合理想的实现。

第 5 章
人狐之恋：阴影的接纳

"祸兮福之所倚，福兮祸之所伏。孰知其极？其
无正也。正复为奇，善复为妖。人之迷，其日固久。"

——《道德经》第五十八章

中国狐文化的心理分析

　　《聊斋志异》的82篇狐故事中，狐与人类保持友好关系的总共有54篇，其中人狐为友的是22篇，人狐相恋的是32篇。与局面剑拔弩张、过程惊心动魄的狐祟和捉狐故事相对应的是温馨柔美、一唱三叹的人狐恋曲。人狐之恋映照了人认识、了解，几经波折，直至最终接纳自身阴影的过程。

　　《聊斋志异》俗称《狐鬼传》，蒲松龄以毕生心血和天赋异禀，倾力塑造了大量美丽聪慧、性情各异的女鬼和狐女形象。女鬼终究是阴气太重，又承载了太多悲惨的过去和沉重的现实，相比之下，空灵而自由的狐女更加令人向往。人狐之恋可以说是整部《聊斋志异》中最精彩的华章，在民间颇具影响，受到人们的广泛喜爱。这些狐女有的重礼俗，有的止乎礼，有的为了情不惜逾越礼法的禁锢，各种类型都有。如：娇娜与孔生发乎情止乎礼，令人钦佩。(《卷一·娇娜》)辛十四娘与人交往，必遵媒妁之言。(《卷四·辛十四娘》)莲香深夜自投桑生住所，不顾礼法，在桑生中了女鬼李氏的毒时尽心尽力为其祛毒治病，还尽力促成他和李氏的婚事。(《卷二·莲香》)狐女红玉钟情冯生，直接"逾墙相从"。(《卷二·红玉》)青梅见张生贫而孝，为之倾心，愿为其妻。(《卷四·青梅》)年轻的狐女轻松幽默又绝顶机敏，尽情挪揄嘲弄那些自命不凡却徒有其表的文人墨客。(《卷四·狐谐》)可以独自一人置办三十桌酒席，可以转瞬之间将数百里之外的美酒运来，充分显示了狐狸精的神通。(《卷三·狐妾》)小翠两次设计惩处了奸险的仇人，以奇特的方法治愈了王元丰的痴病。这些狐女不管守礼逾礼，对爱情的追求都很热烈，令人动容。(《卷七·小翠》) 这些故事充分显示了狐精的聪颖美丽并融入了丰富的社会内容，令人向往。

还有一种狐鬼花妖，它们的性格、行为表现的是一种情志、意象，可以称为象征性的文学意象。叙写王子服追求狐女婴宁结成连理故事的《卷二·婴宁》，并非纯粹的爱情主题。婴宁在原生的山野中，爱花爱笑，一派纯真的天性，天真到似乎不懂得"葳蕤之情"与"夫妻之爱"的差别，不知道还应该有生活的隐私。当她进入人世，便不得葆其天真、无拘无束了，不再笑，"虽故逗，亦终不笑"。"婴宁"之名，取自庄子所说："其为物，无不将也，无不迎也；无不毁也，无不成也，其名撄宁。撄宁也者，撄而后宁者也。"(《庄子·大宗师》) 所谓"撄宁"，就是指得失成败都不动心的一种精神境界。蒲松龄也用过这个意思，其《趺坐》诗云："闭户尘嚣息，襟怀自不撄。"婴宁的形象可以说是这种境界的象征体现。赞美婴宁的天真，正寄寓着对老庄人生哲学中所崇尚的复归自然天性的向往。[①]

狐狸或为精为人，或为神为仙，而更多地幻化为美女，这不外是人们的一种幻想。但任何幻想也不会和现实完全绝缘，因为它是人们认识世界的一种特殊思维方式，决定了"尘世"与"非尘世"之间沟通的可能性。按照中国人的思维特征，一切以现实世界为界域，即使是幻想中的理想世界，也只是现实的移植和修改。这样，幻想的世界不可避免地被纳入现实世界，而这两个世界在空间上是相容的、无界限的，只是在人们的心灵上有一定的距离罢了。因此人们在观照这个幻想世界时，感觉都是类似的，或相近的。而作者们正是借助这一幻域，创造了一个自由的艺术天地，在这个艺术天地中，人们照着自己的形

---

① 袁行霈. 中国文学史（第四卷）[M]. 北京：高等教育出版社，2004:320.

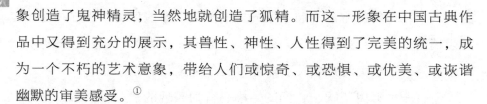

象创造了鬼神精灵，当然地就创造了狐精。而这一形象在中国古典作品中又得到充分的展示，其兽性、神性、人性得到了完美的统一，成为一个不朽的艺术意象，带给人们或惊奇、或恐惧、或优美、或诙谐幽默的审美感受。①

关于人狐之恋的研究一直是《聊斋志异》研究领域的一个重点，心理学角度的相关研究始于 20 世纪 80 年代，可分为两个阶段：20 世纪八九十年代，一些学者主要从小说中的情爱、人妖关系等切入，探讨作者"孤愤"的心理，认为《聊斋志异》创作是作者对"孤愤"心理进行补偿和精神慰藉的途径；另一些观点认为《聊斋志异》从不同方面反映作者及所处时代人们的文化心理；还有一些学者运用精神分析和原型批评探讨《聊斋志异》中的狐、鬼、性爱之间的原型性联系。进入 21 世纪以来，除了弗洛伊德的精神分析理论，荣格分析心理学的情结和原型理论也是《聊斋志异》心理学研究中经常运用的理论和方法，研究者们试着分析《聊斋志异》故事中的集体无意识和阿尼玛原型、阴影、人格面具等，取得了较多的研究成果。但存在着简单套用心理学理论、片面理解心理学理论、混淆文学研究与心理学研究等问题。②

本章以人狐之恋研究中较少涉及、探索不够深入的阴影原型作为切入点，运用结构主义和扎根理论的方法，详细解析人与狐从相遇、相识、相爱、经历波折、有情人终成眷属等整个过程，对照探讨人与自己的阴影从相遇、误解、和解以及走向接纳的整个对话的过程。

---

① 王振星. 中国狐文化简论 [J]. 齐鲁学刊，1996(01)：40-42.
② 周彩虹，吴和鸣.《聊斋志异》心理学研究综述 [J]. 社会经济发展研究（澳门）. 2015(1)：094-103.

5.1　走在相遇的路上

本节延续 4.2 节的论述，继续探讨 82 篇狐小说中，人、狐相遇时人的具体境况以及狐的前世，解析人与狐相遇——人与阴影遭遇——历史的以及现实的可能性。

5.1.1　人的境况

乡试连年不第，又没有其他的营生方式，蒲松龄不得不常年在缙绅人家坐馆，赚取微薄的薪酬，用以交粮纳税、养家糊口，只有在假期才能回家小住几日。享受儿女绕膝的天伦之乐对他来说简直就是奢望。"久以鹤梅当妻子，且将家舍作邮亭。"独自生活的寂寞，不免假想象自遣自慰，如他在独居毕氏宅第外花园时曾有诗云："石丈犹堪文字友，薇花定结欢喜缘。"（《聊斋诗集·逃暑石隐园》）饱受生活孤寂之苦的蒲松龄不免借助天马行空的想象结撰异想天开的故事聊以自遣。在这些幻想的故事里，苦读的书生或做馆师的书生在寂寞时总有狐鬼花妖出现，为他们排遣孤寂，并且鼓励他们在事业上进步。而这也几乎成为中国古代小说创作的一个模式：家境贫穷、科举落第、极度落魄的书生，在荒山野寺夜读时，忽然有善良可爱的美丽少女飘然而至。对此，林语堂先生在《中国人》中有过一段很精彩的描绘：

这些鬼怪并不是让书生们晚上独自一人呆在书房而感到害怕的那种鬼怪。当蜡烛即将然尽，书生昏昏欲睡之时，听到丝绸衣服窣窣作响，睁眼一看是位十六七岁的娴静少女。一双渴望的眼睛，一副安详的神色，她在看着他笑。她通常是一位热情的女子。我相信这些故事必定是那些寂寞的书生依照自己的愿望编造出来的。然而她能通过各种把戏给书生带来金钱，帮助他摆脱贫困。书生病了，她精心服侍，直至疾愈。其温柔的程度，超过了一般现代护士。更为奇怪的是，她有时还替书生攒钱。在书生外出时，她可在家耐心等待，一等即几个月，乃至几年。所以也就非常贞洁。这种共同生活的时间可长可短。短到几天、几十天，长则几十年，直到她为书生养育了子女。儿子科举高中之后回家探母，结果发现豪华的宅邸已经不复存在，代之而起的是一座古老的坟墓。地下有一个洞，里面躺着一条死去了的老狐狸。①

夜深人静，孤单寂寞，贫病交加，仕途不顺，林语堂在这段文字中形象地概括出了书生们大体的生存境况。

《卷四·双灯》是其中情节最简洁最单纯的，大约也是最能体现蒲松龄无意识的一篇：

一夕，魏（运旺）独卧酒楼上，忽闻楼下踏蹴声。魏惊起，悚听。声渐近，寻梯而上，步声繁响。无何，双婢挑灯，已至榻下。后一年少书生，导一女郎，近榻微笑。魏大愕怪。转知为狐，发毛森竖，俯首不敢睨。书生笑曰："君无见猜。舍妹与有前因，便合奉事。"魏视书生，金貂炫目，自惭形秽，腼颜不知所对。书生率婢子，遗灯竟去。魏细瞻女郎，楚楚若仙，心甚悦之。然惭怍不能作游语。女郎顾笑曰："君非抱木头者，何作措大气？"遽近枕席，暖手于怀。魏始为之破颜，捋裤相嘲，遂与狎昵。晓钟未发，双鬟即来引去。复订夜约。至晚，女果至，笑曰："痴郎何福？不费一钱，得如此佳妇，夜夜自投到也。"魏喜无人，置酒与饮……

狐女不招自来，"来也突焉，去也忽焉"，"双灯导来，双灯引去"，与魏运旺保持了一段秘密、愉悦的性关系，之后渺然而去。"有缘麾不去，无缘留不住，一部聊斋，作如是观；上下古今，俱作如是观（但明伦评）。"但明伦正是看到了这一篇的典型意义，才作这种评价。

《卷四·双灯》是《聊斋志异》中最直接地反映蒲松龄主观意愿的

---

① 林语堂.《中国人》全译本 [M]. 上海：学林出版社.1994:104-105.

篇章，即：狐女出现—性活动—离开。其他篇章不过是围绕这一核心情节在其他枝节上增添故事。要么狐女出现的过程有挫折，如《卷二·婴宁》；要么离开的过程很痛苦，像《卷二·红玉》；要么性活动的展开有重叠，如《卷五·荷花三娘子》；要么给这个过程加上一个因果报应的框架，如《卷七·小翠》；要么暗含对世俗社会的对比映衬，如《卷四·辛十四娘》《卷五·武孝廉》。有的距离这个核心好像远一些，如《卷三·黄九郎》，写狐男与书生之间的同性恋。但不管怎样，不合礼仪的性活动是不曾改变的。在新的时代环境下，狐女对迂腐的封建礼教多采取鄙弃揶揄的嘲弄，《卷五·荷花三娘子》里当宗湘若摩挲狐女身体时，狐女答："腐秀才！要如何，便如何耳，狂探何为？"宗湘若问她名字，狐答："春风一度，即别东西，何劳审究？岂将留名字作贞坊耶？"这里，狐女干脆爽朗的个性中体现着一种自由开放的前卫思想。"岂将留名字作贞坊耶？"包含着对落后于时代的封建贞节观念的极大嘲讽和不屑，狐妖"带着非人的符号，从而摆脱了妇道闺范的拘束，同书生自主相亲相爱，写出了为道德理性所禁忌的婚姻之外的男女情爱"。①

这种情爱当然是不合礼法的，但此时礼法已经成了束缚人的枷锁，对陈腐礼教的反抗就是对人性的维护。尽管从明末到清初，封建礼教、程朱理学重新抬头，追求个性解放的思潮处于贬抑状态，蒲松龄也受此影响甚深；但另一方面，这一思潮既已发生，使自然情性得到满足的要求就不可能被彻底制止，而那时社会体制对人本性的压抑已经为人所共知，狐精的自由已不仅仅是个人的问题，而是带有社会解放的色彩了。清代的狐原型就借着蒲松龄的白日冥想，传递出更多的自由色彩，《卷一·青凤》《卷二·红玉》《卷七·阿绣》都以不合礼仪的爱情表现出作者的强烈爱憎。荣格在给诺依曼的《深度心理学与新道德》

---

① 袁行霈. 中国文学史（第四卷）[M]. 北京：高等教育出版社，2004:323.

的前言中说道："因此，我们可以把'新道德'解释为目前限于不寻常的个体范围的旧道德内的一个发展和分化。这些个体因受不可避免的责任冲突的驱使，而努力使有意识和无意识处于一种责任关系中。"[1]蒲松龄以一个底层知识分子的敏锐观察、深度思考和强烈责任，在他的《聊斋志异》中对旧有的道德体系进行了嘲讽和颠覆。

人狐之恋的男主角并不全都是书生，但是写得最精彩的却的确是书生与狐女之恋。因为蒲松龄终其一生就是个书生和教书匠，他对这个阶层的男性的生存状况最为了解，对他们的喜怒哀乐、爱恨情仇最深有体会。写这些书生、这个阶层，正是在写他自己，写以他为代表的那一代底层知识分子。

从具体的文本中，我们详细考察一下人狐相遇时男主人公们的生活状态。

1. 主人公的家境比较好，比如是官吏、富家子弟时，往往他自身又有问题。

（1）身染疾患

"广东有搢绅傅氏，年六十余。生一子，名廉。甚慧，而天阉，十七岁，阴才如蚕。"傅廉家里有钱有势，人又聪明伶俐，可他偏偏是个"天阉"，等于废人一个。（《卷二·巧娘》）"武孝廉石某，囊资赴都，将求铨叙。至德州，暴病，唾血不起，长卧舟中。仆篡金亡去。石大患，病益加，资粮断绝，榜人谋委弃之。"（《卷五·武孝廉》）"生一子，名元丰，绝痴，十六岁不能知牝牡，因而乡党无与为婚。"王太常"少年登进士"，又"以县令入为侍御"，受到皇帝的重用，偏偏生了个傻儿子，没人愿意嫁给他，王家基本要断绝香火。（《卷七·小翠》）

---

① 埃利希·诺伊曼. 深度心理学与新道德 [M]. 高宪田，黄水乞，译. 北京：东方出版社，1998:18-19.

（2）行为放荡

"广平冯生，正德间人。少轻脱，纵酒。""邑有楚银台之公子，少与生共笔砚，相狎。"（《卷四·辛十四娘》）"刘赤水，平乐人，少颖秀。十五入郡庠。父母早亡，遂以游荡自废。家不中资，而性好修饰，衾榻皆精美。"刘赤水聪明帅气，家里条件也不差，但没人管教成了浪荡公子。（《卷九·凤仙》）

2.主人公处境艰难，如穷书生、落魄的世家子，仕途不顺或遭逢重大变故。

（1）贫无恒产

"王成，故家子，性最懒。生涯日落。"（《卷一·王成》）"广平冯翁有一子，字相如。父子俱诸生。""翁年近六旬，性方鲠，而家屡空。数年间，媪与子妇又相继逝，井臼自操之。"（《卷二·红玉》）"邑有张生，字介受。家窭贫，无恒产，税居王第。性纯孝，制行不苟，又笃于学。"（《卷四·青梅》）"穆生，长沙人，家清贫，冬无絮衣。"（《卷八·丑狐》）"长山赵某，税屋大姓。病症结，又孤贫，奄然就毙。"（《卷十二·褚遂良》）

（2）突遭变故

"有执友令天台，寄函招之。生往，令适卒。落拓不得归，寓菩陀寺，佣为寺僧抄录。"（《卷一·娇娜》）"万福，字子祥，博兴人也。幼业儒。家少有而运殊蹇，行年二十有奇，尚不能掇一芹。乡中浇俗，多报富户役，长厚者至碎破其家。万适报充役，惧而逃，如济南，税居逆旅。"（《卷四·狐谐》）张鸿渐被牵连到一场官司中，"张惧，亡去。至凤翔界，资斧断绝。日既暮，踯躅旷野，无所归宿。欻睹小村，趋之"。（《卷九·张鸿渐》）"后值叛寇横恣，村人尽窜，一家相失。伊奔入昆仑山，四顾荒凉。日既暮，心恐甚。忽见一女子来，近视之，则狐女也。离乱之中，相见忻慰。"（《卷十一·狐女》）

（3）学业受阻

"魏运旺，益都盆泉人，故世族大家也。后式微，不能供读。年二十余，废学，就岳业酤。"（《卷四·双灯》）"徐继长，临淄人，居城东之磨房庄。业儒未成，去而为吏。"（《卷六·萧七》）

无论是家庭条件优越的富家子弟，还是时运不济、命运多舛的穷书生，都在不同的层面上处于人生的困境。冲破传统道德观念、价值体系的约束，抓住一切机遇改变命运，是他们面临的最为迫切、最为现实的需求。当"自我"与生存产生激烈的矛盾，人格便要让位于本能的需求，与狐（阴影）达成一定程度的对话与合作。

5.1.2 狐的前世

人狐恋故事中主人公与狐狸精之间常常有着某种"前因"或"夙分"即前世或者祖上的因缘，人狐的关系有着代际传承的意味。

1. 代际相连

没落的故家子弟王成捡到金钗还给狐姬，交流之后得知狐与自己的祖父有过一段婚恋关系。于是狐帮助并督促他经商、务农脱贫致富。（《卷一·王成》）婴宁是其狐狸精母亲与王子服的姨夫爱情的结晶，婴宁又与王子服相恋成婚。（《卷二·婴宁》）狐女与程生相爱生下青梅，青梅长大后又爱上了"性纯孝，制行不苟，又笃于学"的张生，嫁给他为他生儿育女，还把自己的主人阿喜迎娶进门。（《卷四·青梅》）王太常正在为自己的傻儿子发愁，"适有妇人率少女登门，自请为妇。视其女，嫣然展笑，真仙品也"。原来狐女小翠的母亲曾经被王太常无意中相救，躲过雷霆之劫。为报恩，她把自己的女儿小翠嫁给王太常的傻儿子王元丰。聪明美丽的小翠多次帮助王家脱困，并治好元丰的呆痴病。（《卷七·小翠》）"蒙阴王慕贞，世家子也。偶游江浙，见媪哭于途，诘之。"王生无意间帮一个狐姬救了一个死刑犯，其女小梅下嫁报恩，为其生育一子延续香火。"异史氏曰：'不绝人嗣者，人亦不绝

其嗣，此人也而实天也。'"（《卷九·小梅》）

2. 前世之缘

在与狐女众姐妹的交流中，徐继长爱上了萧七的六姐，因为他们前世有"一扪之缘"。"彼与君无宿分，缘止此耳……是前世与君有一扪之缘也。过此即非所望。"（《卷六·萧七》）长山赵某，身染重疾，在奄奄一息时，有美女来访，要做他的妻子，帮他治好了病，之后告诉他："我狐仙也。君乃唐朝褚遂良，曾有恩于妾家，每铭心欲一图报。日相寻觅，今始得见，夙愿可酬矣。"那么，她是为报前世之恩才做的这一切。（《卷十二·褚遂良》）

此外，在没有明确说明祖上或前世缘分的故事中，也常常出现"夙分""缘"之类的说法，如耿去病念念不忘青凤，隔几日又与青凤在叔叔的旧宅中重逢，青凤说："幸有夙分；过此一夕，即相思无用矣。"（《卷一·青凤》）刘洞九独坐官署中，被几个狐女调笑捉弄，"一日，年长者来，谓刘曰：'舍妹与君有缘，愿无弃菅菲。'"（《卷三·狐妾》）魏运旺在岳父的酒楼上睡觉，一个少年书生带来一个妙龄女郎，笑着说："君勿见猜。舍妹与有前因，便合奉事。"（《卷四·双灯》）

祖上积德，子孙受惠；前世施恩，今生享福。只要人放下自己的固执和面子，敞开胸怀接纳狐，狐给予人类的回报便可以跨越时空，代代相传。这类人狐之间的代际及各种因缘关系，是人和自己的阴影穿越时空的对话和整合。

5.2　相遇

5.2.1　相见于逆旅

主人公常常因为某种缘分与狐狸相遇，这种缘分或者是"夙因"即前世或者祖上的因缘（代际），是一种必然；或者是个人在某种特殊的状态如醉后、旅途中、黄昏或者夜晚与狐狸相遇，是一种偶然。前者是代际的重逢，后者是当下的偶遇。不过，换一个角度，后者的偶遇也是一种必然，因为主人公只有具备了某些特质或禀赋，并且只有在特定的状态下才能够也必然会与狐狸相遇。

据笔者统计，在82篇狐小说中，主人公和狐相遇于逆旅的有40余频次，高于家宅中的30余频次。下面仅列出人狐之恋中的相遇。

1. 途中

"会上元，有舅氏子吴生，邀同眺瞩。方至村外，舅家仆来，招吴去。生见游女如云，乘兴独游。有女郎携婢，拈梅花一枝，容华绝代，笑容可掬。生注目不移，竟忘顾忌。"（《卷二·婴宁》）"师偶他出，适门外有猴戏者，廉视之，废学焉。度师将至而惧，遂亡去。离家数里，见一素衣女郎，偕小婢出其前。女一回首，妖丽无比。莲步蹇缓，廉趋过之。"（《卷二·巧娘》）"偶适姻家，道出于氏殡宫。薄暮醉归，过其处，见楼阁繁丽，一叟当户坐。徐酒渴思饮，揖叟求浆。叟起，邀客入，升堂授饮。"（《卷六·萧七》）"蒙阴王慕贞，世家子也。偶游江浙，见媪哭于途，诘之。言：'先夫止遗一子，今犯死刑，谁有能出之者？'王素慷慨，志其姓名，出橐南中金为之斡旋，竟释其罪。"（《卷九·小梅》）

2. 邻里

"适媒来，艳称复州黄氏女。刘恐不确，命驾至复。入西门，见北向一家，两扉半开，内一女郎，怪似阿绣；再属目之，且行且盼而入，真是无讹。（假阿绣，狐女）"（《卷七·阿绣》）"适有寡媪僦居西邻，有女及笄，小名颠当。偶窥之，雅丽不减嫦娥。向慕之，每以馈遗阶进；久而渐熟，往往送情以目，而欲语无间。一夕，逾垣乞火。宗喜挽之，遂相燕好。"（《卷八·嫦娥》）

3. 野外

“数日，四姐他适，约以隔夜。是日，生偶出门眺望，山下故有槲林，苍莽中出一少妇，亦颇风韵。”（女三号）（《卷二·胡四姐》）“何师参，字子萧，斋于苕溪之东，门临旷野。薄暮偶出，见妇人跨驴来，少年从其后。妇约五十许，意致清越。转视少年，年可十五六，丰采过于姝丽。”（《卷三·黄九郎》）“农子马天荣，年二十余。丧偶，贫不能娶。偶芸田间，见少妇盛妆，践禾越陌而过，貌赤色，致亦风流。”（《卷三·毛狐》）“广平冯生，正德间人。少轻脱，纵酒。昧爽偶行，遇一少女，着红帔，容色娟好。从小奚奴，蹑露奔波，履袜沾濡。心窃好之。”（《卷四·辛十四娘》）“湖州宗相若，士人也。秋日巡视田垄，见禾稼茂密处，振摇甚动。疑之，越陌往觇，则有男女野合。一笑将返。即见男子腼然结带，草草径去。女子亦起。细审之，雅甚娟好。”（《卷五·荷花三娘子》）

4. 山中

“沂水某秀才，课业山中。夜有二美人入，含笑不言，各以长袖拂榻，相将坐，衣耎无声。”（《卷七·沂水秀才》）

5. 勾栏

“王问：‘此何处所？’答云：‘此是小勾栏。余因久客，暂假床寝。’话间，妮子频来出入。王局促不安，离席告别。赵强捉令坐……俄见一少女，经门外过，望见王，秋波频顾，眉目含情，仪度娴婉，实神仙也。”（《卷五·鸦头》）

可以看出，在与狐狸精相遇时，人通常是只身一人，并且已经离开了自己的家乡，原来的家庭、事业、学业、人际关系等都可以暂时搁置到一边。人在当下处于一个相当开阔的时空中，在这里很多东西被清空，人可以敞开胸怀面对自己，面对期待，面对一个崭新的未知世界。

5.2.2 初遇与重逢

1. 初遇

初遇，即第一次相遇。人与狐初遇的方式，有的是人入狐类的幻境幻域，有的是狐类化入人间。人入狐境是机缘巧合，狐入人境则常常是狐有意为之。

（1）人入狐境

《聊斋志异》结构故事的一种模式是人入异域幻境，其中有入天界，入冥间，入仙境，入梦，入奇邦异国。[①] 在宗教文化及受其影响的志怪传奇中，天界、仙境、冥间是人生的理想归宿和善恶的裁判所，具有神秘的权威性，令人敬服、企羡、恐惧；梦是人与神灵交往的通道，预示着吉凶祸福。在《聊斋志异》里，这一切都被形式化，多数情况是用作故事的框架，任意装入现实社会的或作家个人心迹的映象。如，在《仙人岛》中，仙人岛上并没有成仙得道的仙人，在那里上演的是一幕轻薄文士被一位慧心利舌的少女嘲谑的喜剧。在《罗刹海市》里，作为前后对照的两个海外国度，大罗刹国不重文章，以貌取人，而且妍媸颠倒，必须"花面逢迎"；海市国里推重文士，能文的游人便获荣华富贵。这都不过是在怀才不遇、处世艰难的境遇中的作者心造的幻影。前者是现实的讽刺漫画，后者是戏拟的理想图，以"海市"名之，便寓谈空的意思。这一模式也体现在狐狸精系列的故事中。人主动进入狐居住的地方，有几种情况：

1）无意中偶然闯入

"寺西百余步，有单先生第，先生故公子，以大讼萧条，眷口寡，移而乡居，宅遂旷焉。一日，大雪崩腾，寂无行旅。偶过其门，一少年出，丰采甚都。见生，趋与为礼，略致慰问，即屈降临。生爱悦之，

---

① 袁行霈. 中国文学史（第四卷）[M]. 北京：高等教育出版社，2004:317.

慨然从入。""屋宇都不甚广，处处悉悬锦幕，壁上多古人书画。案头书一册，签云：'琅嬛琐记。'翻阅一过，皆目所未睹。"人与狐无意间相遇，互相尊重，亦师亦友，孔雪笠与皇甫公子、娇娜等相处比较和谐（《卷一·娇娜》）。

"时盛夏燠热，村外故有周氏园，墙宇尽倾，惟存一亭；村人多寄宿其中，王亦在焉。既晓，睡者尽去；红日三竿，王始起，逡巡欲归。见草际金钗一股，拾视之，镌有细字云：'仪宾府制。'王祖为衡府仪宾，家中故物，多此款式，因把钗踟蹰。欻一妪来寻钗。王虽故贫，然性介，遽出授之。妪喜，极赞盛德，曰：'钗值几何，先夫之遗泽也。'问：'夫君伊谁？'答云：'故仪宾王柬之也。'王惊曰：'吾祖也。何以相遇？'妪亦惊曰：'汝即王柬之之孙耶？我乃狐仙。百年前，与君祖缱绻。君祖殁，老身遂隐。过此遗钗，适入子手，非天数耶！'王亦曾闻祖有狐妻，信其言，便邀临顾。妪从之。"拾金不昧，人狐相认，狐祖母帮助王成振兴家业。（《卷一·王成》）

"诸生王文，东昌人。少诚笃。薄游于楚，过六河，休于旅舍，乃步门外。遇里戚赵东楼，大贾也，常数年不归。见王，相执甚欢，便邀临存。至其所，有美人坐室中，愕怪却步。赵曳之，又隔窗呼妮子去。王乃入。赵具酒馔，话温凉。王问：'此何处所？'答云：'此是小勾栏。余因久客，暂假床寝。'话间，妮子频来出入。王局促不安，离席告别。赵强捉令坐……俄见一少女，经门外过，望见王，秋波频顾，眉目含情，仪度娴婉，实神仙也。"（《卷五·鸦头》）

2）与人打赌而闯入

"会公与诸生饮，或戏云：'有能寄此一宿者，共醵为筵。'公跃起曰：'是亦何难！'携一席往。众送诸门，戏曰：'吾等暂候之，如有所见，当急号。'公笑云：'有鬼狐，当捉证耳。'""时值上弦，幸月色昏黄，门户可辨……坐良久，更无少异，窃笑传言之讹。席地枕石，卧看牛女。一更向尽，恍惚欲寐。楼下有履声籍籍而上。假寐睨之……入视楼中，陈设绮丽。……少间，粉黛云从，酒榼雾霈，玉碗金瓯，光映几案。"殷天官与狐家族见面后，受到礼遇，以贵宾的身份参加了一场狐族的婚礼。(《卷一·狐嫁女》)

3) 好奇闯入

"太原耿氏，故大家，第宅弘阔。后凌夷，楼舍连亘，半旷废之。因生怪异，堂门辄自开掩，家人恒中夜骇哗。耿患之，移居别墅，留老翁门焉。由此荒落益甚。或闻笑语歌吹声。耿有从子去病，狂放不羁，嘱翁有所闻见，奔告之。至夜，见楼上灯光明灭，走报生。生欲入觇其异。止之，不听。门户素所习识，竟拨蒿蓬，曲折而入。登楼，殊无少异。穿楼而过，闻人语切切。潜窥之，见巨烛双烧，其明如昼。"性格狂放不羁的耿去病在好奇心的驱使下，夜探叔父家的废宅。(《卷一·青凤》)

4) 被狐邀请进入

"徐怅然少坐，屋宇并失。猎者十余人，按鹰操刃而至，惊问：'何人夜伏于此？'徐托言迷途，因告姓字。一人曰：'适逐一狐，见之否？'答曰：'不见。'细认其处，乃于氏殡宫也。"徐生被三姐邀请一起回娘家了结他和二姐之间的情缘。(《卷六·萧七》)"十余里，入山村，至其家，廊舍华好。"石太璞被狐叟邀请到家里除掉作祟的男鬼。(《卷十·长亭》)

5) 邻里偶遇

"适媒来，艳称复州黄氏女。刘恐不确，命驾至复。入西门，见北向一家，两扉半开，内一女郎，怪似阿绣；再属目之，且行且盼而入，真是无讹。(假阿绣，狐女)"(《卷七·阿绣》)。"适有寡媪僦居西邻，有女及笄，小名颠当。偶窥之，雅丽不减嫦娥。向慕之，每以馈遗阶进；久而渐熟，往往送情以目，而欲语无间。一夕，逾垣乞火。宗喜

挽之，遂相燕好。"（《卷八·嫦娥》）

6）向往狐，梦想成真

"尝以故至叔刺史公之别业，休憩楼上。传言楼中故多狐。毕每读《青凤》传，心辄向往，恨不一遇。因于楼上，摄想凝思，既而归斋，日已寝暮。时暑月燠热，当户而寝。睡中有人摇之，醒而却视，则一妇人，年逾四十，而风韵犹存。""至夜，焚香坐伺。妇果携女至。态度娴婉，旷世无匹。妇谓女曰：'毕郎与有夙缘，即须留止。明旦早归，勿贪睡也。'毕乃握手入帏，款曲备至。"向往狐，于睡梦中遇到狐妇，狐妇将自己的三女儿嫁给毕怡庵。（《卷五·狐梦》）

7）帮助狐

"师偶他出，适门外有猴戏者，廉视之，废学焉。度师将至而惧，遂亡去。离家数里，见一素衣女郎，偕小婢出其前。女一回首，妖丽无比。莲步蹇缓，廉趋过之。女回顾婢曰：'试问郎君，得无欲如琼乎？'婢果呼问。廉诘其何为，女曰：'倘之琼也，有尺一书，烦便道寄里门。老母在家，亦可为东道主。'廉出本无定向，念浮海亦得，因诺之。女出书付婢，婢转付生。问其姓名居里，云：'华姓，居秦女村，去北郭三四里。'生附舟便去。"逃学闲逛的傅廉，无意中帮助狐女三娘送家书。（《卷二·巧娘》）

人进入狐的世界，无论是无意间闯入，还是好奇、打赌进入，或者被邀请进入，此时人是有了一定的心理准备的，对与狐之间发生故事、建立关系具有一定的主动性。荣格认为："只要伦理学表示一个道德要求体系，由此推断这个体系内外的任何变革也将具有道义学的性质。但是，新的劝告'你应该'可以运用的心理情境如此复杂、微妙和困难，以至人们想知道谁能够提出这样的要求。而且根本也不需要提出这样的要求，因为，陷入这种局面的、有道德倾向的人已从内部面临着这同一个要求，并且非常清楚地懂得，根本没有可以使他摆脱这种困境的集体道德品行。假如旧道德的价值没有在他身上深深地扎根，首先他就决不会陷入此种局面。"① 旧的集体道德和价值观念已经无法满足那个时代人们的正常欲望和需求，人入狐境其实是一些人对自己面临的困境在深入思考之后主动采取措施而进行的突破，是一种心灵的补偿，也是人主动展开的与集体阴影对话的尝试。

（2）狐入人境

《聊斋志异》故事结构的另一模式是狐、鬼、花妖、精怪幻化进入人世间。这类非人的形象，在六朝志怪小说中已经出现了，它们虽然幻化为人的体形，却依然是物怪而少人情，偶然出现对人至少意味着不祥，化为美女是引诱人的手段。《聊斋志异》中的异类，尤其是女性的，是以人的形神、性情为主体，只是将异类的某种属性特征融入或附加在其身上。花姑子是獐子精，所以让她身上有香气（《花姑子》）；阿纤是鼠精，写其家窖有储粟，人"窈窕秀弱"，"寡言少怒"，与鼠的本性相符（《阿纤》）；绿衣女"绿衣长裙，宛妙无比"，"腰细殆不容掬"，善歌"声细如蝇"，是依据蜜蜂的特征写出的（《绿衣女》）。这种幻化、变形不是神秘的，而是艺术的幻想。狐鬼形象更只是写其为狐为鬼，带有些非人的特点，性情完全与常人无异。所有异类形象又多是在故事进展中或行将结束时，才显示一下其来由和属性，形成"偶见鹘突，知复非人"的艺术情趣。②

狐掌握幻化的主动权，他们行动非常自由，因与人类有"夙因""有份"而出现，因"缘尽""已了"而消失。狐介入人类的生活中，有时是因为有求于人类，如："王太常，越人。总角时，昼卧榻上。忽阴晦，巨霆暴作，一物大于猫，来伏身下，辗转不离。移时晴霁，物

---

① 埃利希·诺伊曼. 深度心理学与新道德 [M] 高宪田，黄水乞，译北京：东方出版社，1998:19.

② 袁行霈. 中国文学史（第四卷）[M]. 北京：高等教育出版社，2004:318-319.

即径出。"(《卷七·小翠》)"蒙阴王慕贞，世家子也。偶游江浙，见媪哭于途，诘之。言：'先夫止遗一子，今犯死刑，谁有能出之者？'王素慷慨，志其姓名，出橐南中金为之斡旋，竟释其罪。"(《卷九·小梅》)"一日，有叟来，自称翁姓，炫陈币帛，谓其女鬼病已殆，必求亲诣。石闻病危，辞不受贽，姑与俱往。"(《卷十·长亭》)但更多的是主动与人交好的，如前文谈到的一些友狐以及本章重点关注的情狐。

人狐恋故事中，大部分的狐是主动接近人类的，此时主人公常常是一个人，时间多半是在夜深人静时。

1）独处时

"莱芜刘洞九，官汾州。独坐署中，闻亭外笑语渐近。入室，则四女子……刘固知官署多狐，置不顾。"(《卷三·狐妾》)"白下程生，性磊落，不为畛畦。一日，自外归，缓其束带，觉带沉沉，若有物堕。视之，无所见。宛转间，有女子从衣后出，掠发微笑，丽甚。"（青梅父母相遇）(《卷四·青梅》)"一夕，独卧酒楼上，忽闻楼下踏蹴声。惊起悚听。声渐近，循梯而上，步步繁响。无何，双婢挑灯，已至榻下。后一年少书生，导一女郎，近榻微笑。魏大愕怪。转知为狐，毛发森竖，俯首不敢瞬。书生笑曰：'君勿见猜。舍妹与有前因，便合奉事。'"(《卷四·双灯》)"沂水某秀才，课业山中。夜有二美人入，含笑不言，各以长袖拂榻，相将坐，衣裛无声。"(《卷七·沂水秀才》)"长山赵某，税屋大姓。病症结，又孤贫，奄然就毙。一日，力疾就凉，移卧檐下。及醒，见绝代丽人坐其旁，因诘问之，女曰：'我特来为汝作妇。'"(《卷十二·褚遂良》)

2）晚上

"半夜，董归，见斋门虚掩，大疑。醺中自忆，必去时忙促，故忘扃键。入室，未遑爇火，先以手入衾中，探其温否。才一探入，则腻有卧人。大愕，敛手。急火之，竟为姝丽，韶颜稚齿，神仙不殊。"

中国狐文化的心理分析

（《卷二·董生》）"尚生，泰山人。独居清斋。会值秋夜，银河高耿，明月在天，徘徊花阴，颇存遐想。忽一女子逾垣来，笑曰：'秀才何思之深？'生就视，容华若仙。惊喜拥入，穷极狎昵。"（与胡三姐）"逾夕，果偕四姐来。年方及笄，荷粉露垂，杏花烟润，嫣然含笑，媚丽欲绝。生狂喜，引坐。"（《卷二·胡四姐》）"积半年，一女子夜来叩斋。生意友人之复戏也，启门延入，则倾国之姝。惊问所来。曰：'妾莲香，西家妓女。'埠上青楼故多，信之。息烛登床，绸缪甚至。自此三五宿辄一至。"（《卷二·莲香》）"汾州判朱公者，居廨多狐。公夜坐，有女子往来灯下，初谓是家人妇，未遑顾瞻；及举目，竟不相识，而容光艳绝。心知其狐，而爱好之，遽呼之来。"（《卷二·汾州狐》）"焦生，章丘石红先生之叔弟也。读书园中。宵分，有二美人来，颜色双绝。一可十七八，一约十四五，抚几展笑。焦知其狐，正色拒之。"（《卷二·狐联》）"广平冯翁有一子，字相如。父子俱诸生。翁年近六旬，性方鲠，而家屡空。数年间，媪与子妇又相继逝，井臼自操之。一夜，相如坐月下，忽见东邻女自墙上来窥。视之，美。近之，微笑。招以手，不来亦不去。固请之，乃梯而过，遂共寝处。"（《卷二·红玉》）"韩光禄大千之仆，夜宿厦间，见楼上有灯，如明星。未几，荧荧飘落，及地化为犬。睨之，转舍后去。急起，潜尾之，入园中，化为女子。"（《卷三·犬灯》）"穆生，长沙人，家清贫，冬无絮衣。一夕枯坐，有女子入，衣服炫丽而颜色黑丑，笑曰：'得毋寒乎？'生惊问之，曰：'我狐仙也。怜君枯寂，聊与共温冷榻耳。'"（《卷八·丑狐》）"一夕，被人招饮，忘灭烛而去。酒数行，始忆之，急返。闻室中小语，伏窥之，见少年拥丽者眠榻上。宅临贵家废第，恒多怪异，心知其狐，亦不恐。"（《卷九·凤仙》）"伊衮，九江人。夜有女来，相与寝处。心知为狐，而爱其美，秘不告人，父母亦不知也。"（《卷十一·狐女》）

　　独处和夜晚时，人处于比较放松的状态，心理防御机制的作用相对减弱，旧的道德传统、价值观念对人的约束较小，人格面具一定程度被解除，阴影较为活跃，此时人可以直面自己的内心世界，与狐即阴影更好地对话。比如，人不必装出一副谦谦君子的样子，与心仪的狐狸精美女一起共度良宵，可以袒露自己对财富和权力的渴望，而不必担心受到卫道士和世俗眼光的批判。

2. 重逢

毕竟人狐殊途，人狐之恋很难一帆风顺，多少都会经历一番波折。经历风雨之后，大家对彼此的认识和理解有所增加，对双方的关系也有了一种理性的反思和对未来的新构想。因此，别后重逢将成为人狐恋走向完美结局的一个转折点。

主动寻找心上人，如"薄暮醉归，道侧故有兰若，久芜废，有女子自内出，则向丽人也，忽见生来，即转身入。阴思：丽者何得在禅院中？絷驴于门，往觇其异。入则断垣零落，阶上细草如毯。彷徨间，一斑白叟出，衣帽整洁……"冯生想要追求美丽的辛十四娘，进了狐族寄居的废旧寺庙。（《卷四·辛十四娘》）"伶仃独步，无可问程，但望南山行去。约三十余里，乱山合沓，空翠爽肌，寂无人行，止有鸟道。遥望谷底，丛花乱树中，隐隐有小里落。下山入村，见舍宇无多，皆茅屋，而意甚修雅。北向一家，门前皆丝柳，墙内桃杏尤繁，间以修竹；野鸟格磔其中。"王子服要寻找一见钟情的狐女婴宁。（《卷二·婴宁》）

失意之时重逢，如《卷一·娇娜》，皇甫公子一家因主人"索宅甚急"要搬走，"势难复聚"。孔雪笠带着松娘回到家乡，还考中了进士。本来以为可以从此一帆风顺，高枕无忧，却"以忤直指，罢官，罣碍不得归"。正当失意之时，"偶猎郊野，逢一美少年，跨骊驹，频频瞻顾。细视，则皇甫公子也。揽辔停骖，悲喜交至"。他乡遇故知，双方都是悲喜交集。"邀生去，至一村，树木浓昏，荫翳天日。入其家，则金沤浮钉，宛然世家。问妹子，则嫁；岳母，已亡。"颇有一种物是人非之感。随后孔生把松娘和儿子小宦接了过来，不久娇娜也来了。人与狐完成了别后的一次团聚。

危难之时重逢，如《卷一·青凤》，耿生对青凤一见钟情，却因青凤叔父"闺训严，不敢奉命"。狐叟虽然欣赏耿去病的才华，却不喜欢他狂放不羁的性格，带着青凤离开耿宅。失望之余，耿生带着全家人搬进了叔叔的老宅院，期待能与青凤重逢。一直到了第二年，"会清明上墓归，见小狐二，为犬逼逐。其一投荒窜去，一则皇急道上。望见生，依依哀啼，奄耳辑首，似乞其援。生怜之，启裳衿，提抱以归。闭门，置床上，则青凤也"。"此天数也，不因颠覆，何得相从？然幸矣，婢子必以妾为已死，可与君坚永约耳。"机缘巧合，耿去病救了青凤一命，也因此得以与青凤喜结连理。

劫后重逢，如《卷二·红玉》，冯相如与红玉的自由恋爱受到父亲的激烈反对，二人不得不分手，红玉在走之前为心上人准备了彩礼，安排了一门婚事。但后来相如家还是被恶人陷害，遭逢剧变，父死妻亡，身陷囹圄，后来虽然虬髯客帮他复仇，他也被放了出来，但已是痛不欲生，心灰意冷。"生归，瓮无升斗，孤影对四壁。幸邻人怜馈食饮，苟且自度。念大仇已报，则辗然喜；思惨酷之祸，几于灭门，则泪潸潸堕；及思半生贫彻骨，宗支不续，则于无人处大哭失声，不复能自禁。如此半年，捕禁益懈。乃哀邑令，求判还卫氏之骨。及葬而归，悲恨欲死，辗转空床，竟无生路。忽有款门者，凝神寂听，闻一人在门外，诿诿与小儿语。生急起窥觇，似一女子。扉初启，便问：'大冤昭雪，可幸无恙？'其声稔熟，而仓卒不能追忆。烛之，则红玉也。挽一小儿，嬉笑胯下。生不暇问，抱女呜哭。女亦惨然。既而推儿曰：'汝忘尔父耶？'儿牵女衣，目灼灼视生。细审之，福儿也。"狐女红玉出现于故事的开头和尾部，主体部分是书生冯相如遭到豪绅的欺凌家破人亡的惨剧。开头红玉与穷书生来往是铺垫，冯家遭难后她再次出现，解救、抚育其子嗣，并担起主妇职责，帮助冯相如恢复家业。

久别重逢却又面临新的挑战，如《卷九·凤仙》。凤仙与家人一起搬走，"从此不复至"。刘赤水孤单一人，十分想念。"逾二年，思念纂切。偶在途中，遇女郎骑款段马……少年曰：'君不认窃眠卧榻者耶？'刘始悟为胡。叙僚婿之谊，嘲谑甚欢。"这次重逢让刘赤水得以与凤仙全家首次会面。但聚会并不愉快，狐翁对家大业大的丁氏女婿青眼有加，对家境一般的刘赤水有些怠慢，凤仙不堪忍受家庭中的炎凉之态，自动隐去，留下一面神奇的镜子显现自己的喜忧，激励刘赤水寒窗苦读。

历尽波折重逢，如《卷十·长亭》。石太璞帮狐叟赶走了作祟的男鬼，狐叟答应他与长女长亭的婚事，但又反悔，在长亭嫁给石之后一再找借口拆散他们，导致他与长亭的婚姻一波三折。受人之恩当涌泉相报，而狐叟承诺婚事却反悔，对两个女儿都是如此。一怒之下，小女婿找法师捉拿狐叟，刚好这位法师是石太璞的师傅，应长亭的请求，石氏救下了狐岳父，但救了他之后又羞辱他以泄愤。虽然篇末作者责备了长婿不该羞辱老岳父，但也明确表达了对狐叟的反复、失信的不满。那个时代，家长决定并随意干预儿女的终身大事，无论是人类还是狐族都无法完全做到婚恋自由。

还有不少令人动容的各种情境和原因的重逢。《卷二·胡四姐》，尚生的父母请来陕人作法，捉住了胡三姐等，胡四姐死里逃生，"后生在野，督佣刈麦，遥见四姐坐树下。生就近之，执手慰问"。狐女告诉尚生自己是前来告别的，"别后十易春秋，今大丹已成。但思君之念未忘，故复一拜问"。《卷三·犬灯》，仆人受主人要挟试图捉住与他交好的狐女，被狐女逃脱，一次在途中相遇，"后仆自他方归，遥见女子

坐道周；至前，则举袖障面"。善良的狐女并没有责怪他，反而盛情招待，善始善终。《卷八·丑狐》，贪心又薄情的穆生与丑狐闹翻之后，丑狐又找了新的相好，他也不敢作声，"偶适野，遇女于途，长跪道左"。善良的狐女念旧情，还给了他一些银子，"女无言，但以素巾裹五六金，遥掷之，反身径去"。《卷七·阿绣》，狐女为赢得刘子固的爱情，幻化为刘子固钟情的少女阿绣，在美与爱的竞争中却为刘子固对阿绣的痴情打动，意识到阿绣之真美，便转而帮助刘子固与阿绣结合，让所爱者爱其所爱，这已超越了单纯的情爱，上升到更高的精神层次。

《聊斋志异》里的狐女形象，是用作观照社会人生的。她们大多真挚、美丽、善良，给人带来温馨、欢乐、幸福，给人以安慰、鼓励、帮助，人狐之间的别后重逢也是为了寄托意愿，补偿现实的缺憾。人狐之恋是人与自己的阴影的亲密交流与互相融合，是人对自己性欲和情欲的肯定，有些狐女已经上升到了人的阿尼玛层面的原型，如婴宁、娇娜等。

5.3 危机

狐狸作为原生的动物具有自己先天的不足，比如人们认为狐狸不能渡河，狐狸怕狗，狐狸怕打雷，即便狐狸成仙了这些也仍然是它们致命的弱点，而一些法力高强的术士和天神更是它们的劲敌。这样，在人狐相恋的路上，必然会遭遇各种坎坷和危机。这在早期的人狐恋故事中就已经出现了相关的情节。如唐传奇《任氏传》，狐女任氏与"贫无家，托身于妻族"的穷书生郑六的爱情就几经波折。郑寄食于妻兄家，妻兄韦崟有钱有势，一日，趁郑外出，见任氏美，欲乱之：

崟爱之发狂，乃拥而凌之，不服。崟以力制之，方急，则曰："服矣。请少回旋。"既从，则捍御如初，如是者数四。崟乃悉力急持之。任氏力竭，汗若濡雨。自度不免，乃纵体不复拒抗，而神色惨变。崟问曰："何色之不悦？"任氏长叹息曰："郑六之可哀也！"崟曰："何谓？"对曰："郑生有六尺之躯，而不能庇一妇人，岂丈夫哉！且公少豪侈，多获佳丽，遇某之比者众矣。而郑生，穷贱耳。所称惬者，唯某而已。忍以有余之心，而夺人之不足乎？哀其穷馁，不能自立，衣公之衣，食公之食，故为公所系耳。若糠糗可给，不当至是。"崟豪俊有义烈，闻其言，遽置之，敛衽而谢曰："不敢。"

任氏对贫穷的郑六执着专一，在权势和暴力面前拼死抗拒；不行，则佯装屈服，积蓄体力继续抗争；再不行则动之以情，责之以理，终于保全她对郑六的爱的忠贞，也博得了韦崟对她的敬佩。此后，韦再与她交往时，"每相狎昵，无所不至，唯不及乱而已"。然而，后来为了报答郑生的知己之情，任氏明知自己跟随郑生赴任将会有生命危险，却仍答应了他的要求，以至于命丧犬口。这是早期人狐恋中一则十分凄美的故事。

到了《聊斋志异》中，人狐恋遭遇的危机更加多样化和世情化。有来自双方家长方面的原因，有第三者插足，有突发事件，有环境的变迁，有信任危机，等等。

5.3.1　疾病

有一些人狐恋，在故事的一开始，主人公就患有某种疾病，有先天的有后天的，人与狐因疾病而相识相知。

1. 先天残缺

《卷二·巧娘》："广东有搢绅傅氏，年六十余。生一子，名廉。甚慧，而天阉，十七岁，阴才如蚕。"傅廉主动帮狐女三娘送家信，为了表示感谢，三娘的母亲华姑用一种黑色的药丸为其医治天阉病。

"遂导生入东厢，探手于袴而验之。笑曰：'无怪巧娘零涕。然幸有根蒂，犹可为力。'挑灯遍翻箱簏，得黑丸，授生，令即吞下，秘嘱勿哗，乃出。生独卧筹思，不知药医何症。将比五更，初醒，觉脐下热气一缕，直冲隐处，蠕蠕然似有物垂股际；自探之，身已伟男。心惊喜，如乍膺九锡。"

他十分感激，对华姑言听计从。身体康复之后，傅廉与女鬼巧娘和狐女三娘之间才可能发展爱情，并最终结婚生子。

《卷七·小翠》，王太常的儿子王元丰"绝痴，十六岁不能知牝牡，因而乡党无与为婚"，小翠在嫁给王元丰之后，二人平日只是一起玩耍嬉闹，并没有夫妻之实。"女居三年，夜夜与公子异寝，似未尝有所私。夫人舁榻去，嘱公子与妇同寝。过数日，公子告母曰：'借榻去，悍不还！小翠夜夜以足股加腹上，喘气不得；又惯掐人股里。'婢妪无不粲然。"

2. 后天患病

有些是男主人公后天患病，因需要治病而与女主人公相识。如《卷一·娇娜》，孔令升因听了皇甫公子家美丽的侍女香奴的弹唱引发春心萌动，加上夏日暑气和湿热，"生胸间瘴起如桃，一夜如碗，痛楚呻吟。公子朝夕省视，眠食俱废。又数日，创剧，益绝食饮"。束手无策时，皇甫公子和太公请来了娇娜为孔生治疗疮病。这次治病让孔令升与娇娜相识，也让他对娇娜心生爱慕，"而悬想容辉，苦不自已。自是废卷痴坐，无复聊赖"。虽然他后来娶了松娘，但他与娇娜之间的超越男女之爱的那份知己之情却是更加令人向往。

《卷二·莲香》，桑生贪婪女鬼李氏的美色，日日行房，导致生病，莲香治好了他的"鬼症"，却引起他的误会，以为是莲香嫉妒，终于导致病入膏肓，险些丧命。

第一次：

一夜莲来，惊曰：“郎何神气萧索？”生言：“不自觉。”莲便告别，相约十日。去后，李来恒无虚夕。问：“君情人何久不至？”因以相约告。李笑曰：“君视妾何如莲香美？”曰：“可称两绝，但莲卿肌肤温和。”李变色曰：“君谓双美，对妾云尔。渠必月殿仙人，妾定不及。”因而不欢。乃屈指计十日之期已满，嘱勿漏，将窃窥之。

次夜，莲香果至，笑语甚洽。及寝，大骇曰：“殆矣！十日不见，何益愈损？保无有他遇否？”生询其故。曰：“妾以神气验之，脉拆拆如乱丝，鬼症也。”

第二次：

由是与李夙夜必偕。约两月余，觉大困顿。初犹自宽解；日渐羸瘠，惟饮饘粥一瓯。欲归就奉养，尚恋恋不忍遽去。因循数日，沉绵不可复起。邻生见其病笃，日遣馆僮馈给食饮。生至是始疑李，因谓李曰：“吾悔不听莲香之言，以至于此！”言讫而瞑。移时复苏，张目四顾，则李已去，自是遂绝。

《卷五·武孝廉》：

武孝廉石某，囊资赴都，将求铨叙。至德州，暴病，唾血不起，长卧舟中。仆篡金亡去。石大恚，病益加，资粮断绝，榜人谋委弃之。

妇临审曰：“君夙有瘵根，今魂魄已游墟墓。”石闻之，嗷然哀哭。妇曰：“我有丸药，能起死。苟病瘳，勿相忘。”石洒泣矢盟。妇乃以药饵石；半日，觉少瘥。妇即榻供甘旨，殷勤过于夫妇。石益德之。月余，病良已。

狐妇治好了武孝廉的病，二人结为夫妻，狐妇又出资“使入都营干，相约返与同归”，而他却嫌弃狐妇年长，停妻另娶。在狐妇找上门来之后，他心中不平，趁狐妇酒后现形想要杀死她。

而妇已醒，骂曰：“虺蝮之行，而豺狼之性，必不可以久居！曩时啖药，乞赐还也！”即唾石面。石觉森寒如浇冰水，喉中习习作痒；

呕出，则丸药如故。妇拾之，忿然径出，追之已杳。石中夜旧症复作，血嗽不止，半岁而卒。

5.3.2 灾难

人与狐于大灾中互相支持，互相配合，共渡难关。

《卷一·娇娜》，孔生在皇甫公子一家遭遇雷霆之劫时挺身而出，舍命相救，帮助他们避过灾难，娇娜又口吐红丸，再一次救了孔生。

一日，公子有忧色，谓生曰："天降凶殃，能相救否？"生不知何事，但锐自任。公子趋出，招一家俱入，罗拜堂上。生大骇，亟问。公子曰："余非人类，狐也。今有雷霆之劫。君肯以身赴难，一门可望生全；不然，请抱子而行，无相累。"生矢共生死。乃使仗剑于门，嘱曰："雷霆轰击，勿动也！"生如所教。果见阴云昼瞑，昏黑如醫。回视旧居，无复闬闳，惟见高冢岿然，巨穴无底。方错愕间，霹雳一声，摆簸山岳；急雨狂风，老树为拔。生目眩耳聋，屹不少动。忽于繁烟黑絮之中，见一鬼物，利喙长爪，自穴攫一人出，随烟直上。瞥睹衣履，念似娇娜。乃急跃离地，以剑击之，随手堕落。忽而崩雷暴裂，生仆，遂毙。少间，晴霁，娇娜已能自苏。见生死于旁，大哭曰："孔郎为我而死，我何生矣！"松娘亦出，共异生归。娇娜使松娘捧其首；兄以金簪拨其齿；自乃撮其颐，以舌度红丸入，又接吻而呵之。红丸随气入喉，格格作响，移时，豁然而苏。见眷口满前，恍如梦寐。于是一门团圆，惊定而喜。

《卷四·狐谐》，万福为逃避充役流亡在外，狐女主动陪伴，并为其提供一切日用所需。

"万福，字子祥，博兴人也。幼业儒。家少有而运殊蹇，行年二十有奇，尚不能掇一芹。乡中浇俗，多报富户役，长厚者至碎破其家。万适报充役，惧而逃，如济南，税居逆旅。夜有奔女，颜色颇丽。万悦而私之，请其姓氏。女自言：'实狐，然不为君祟耳。'万喜而不疑。女嘱勿与客共，遂日至，与共卧处。凡日用所需，无不仰给于狐。"

《卷九·张鸿渐》，狐女舜华收留了逃亡中的张生，一起生活一段时间后送他回家，后来又帮助他摆脱衙役的押解，避免牢狱之灾。

张鸿渐，永平人。年十八，为郡名士。时卢龙令赵某贪暴，人民共苦之。有范生被杖毙，同学忿其冤，将鸣部院，求张为刀笔之词，约其共事。张许之。妻方氏，美而贤，闻其谋，谏曰："大凡秀才作事，可以共胜，而不可以共败：胜则人人贪天功，一败则纷然瓦解，不能成聚。今势力世界，曲直难以理定；君又孤，脱有翻覆，急难者谁也！"张服其言，悔之，乃婉谢诸生，但为创词而去。质审一过，无所可否。赵以巨金纳大僚，诸生坐结党被收，又追捉刀人。

张惧，亡去。至凤翔界，资斧断绝。日既暮，踟蹰旷野，无所归宿。欻睹小村，趋之。老妪方出阖扉，见生，问所欲为……忽有笼灯晃耀，见妪导一女郎出。张急避暗处，微窥之，二十许丽人也。及门，见草荐，诘妪。妪实告之，女怒曰："一门细弱，何得容纳匪人！"即问："其人焉往？"张惧，出伏阶下。女审诘邦族，色稍霁，曰："幸是风雅士，不妨相留。然老奴竟不关白，此等草草，岂所以待君子！"命妪引客入舍。俄顷，罗酒浆，品物精洁；既而设锦裀于榻。

5.3.3　家长阻挠

《卷一·青凤》，耿去病：耿，耿直，刚正不阿，不屈服；去病，祛除不合理的旧礼法、旧道德。耿去病，名字即彰显其性格，也暗含了两代人之间的矛盾。青凤的堂兄孝儿，即孝敬长辈之意。青凤的叔父狐叟，典型的封建家长，父亲角色和功能膨胀，固执，保守，自大，但又爱护子辈（青凤）。耿去病与狐叟的冲突，便是阴影与人格面具的冲突。

《卷二·红玉》，"广平冯翁有一子，字相如。父子俱诸生"。"翁年近六旬，性方鲠，而家屡空。数年间，媪与子妇又相继逝，井臼自操之。"相如与红玉的自由恋爱受到父亲的激烈反对，爱情和孝道之间产生了尖锐的矛盾。由于父亲的反对，相如不得不与红玉分手。

《卷十·长亭》，擅长驱鬼之术的石太璞帮狐叟赶走了迷惑他小女儿红亭的男鬼，狐叟答应把长女长亭嫁给他，但又反悔。

是夜寂然，鬼影尽灭，惟红亭呻吟未已，投以法水，所患若失。石欲辞去，叟挽留殷恳。至晚，肴核罗列，劝酬殊切。漏二下，主人乃辞客去。石方就枕，闻叩扉甚急；起视，则长亭掩入，辞气仓皇，言："吾家欲以白刃相仇，可急遁！"言已，径返身去。石战惧失色，越垣急窜。遥见火光，疾奔而往，则里人夜猎者也。喜。待猎已，乃与俱归。心怀怨愤，无之可伸，思欲之汴寻赤城。而家有老父，病废已久，日夜筹思，莫决进止。

即使在长亭嫁给石氏之后，长亭的父亲还是借接女儿归宁的机会一再阻止她回去，导致他与长亭聚少离多，婚姻充满悲剧色彩。

《卷十一·狐女》，伊衮的父母发现与儿子交往的女子是狐狸精，坚决反对，狐女被迫离开。

伊衮，九江人。夜有女来，相与寝处。心知为狐，而爱其美，秘不告人，父母亦不知也。久而形体支离。父母穷诘，始实告之。父母大忧，使人更代伴寝，卒不能禁。翁自与同衾，则狐不至；易人，则又至。伊问狐，狐曰："世俗符咒，何能制我。然俱有伦理，岂有对翁行淫者！"翁闻之，益伴子不去，狐遂绝。

后来遭逢动乱，伊衮逃亡外地，狐女运用法术"造"出房子，给落难的旧情人过夜，避免其遭遇危险。

5.3.4　信任危机

人与狐之间出现了信任危机，感情出现了裂痕，难以为继。

《卷三·犬灯》，韩光禄大千的仆人与狐女相好，主人出面干涉，仆人屈从，狐女逃走。

> 主人知之，使二人夹仆卧；二人既醒，则身卧床下，亦不觉堕自何时。主人益怒，谓仆曰："来时，当捉之来；不然，则有鞭楚！"仆不敢言，诺而退。因念：捉之难；不捉，惧罪。辗转无策。忽忆女子一小红衫，密着其体，未肯暂脱，必其要害，执此可以胁之。夜分，女至，问："主人嘱汝捉我乎？"曰："良有之。但我两人情好，何肯此为？"及寝，阴掬其衫，女急啼，力脱而去。从此遂绝。

《卷五·武孝廉》，武孝廉痊愈之后瞒着狐妇另娶，"石赴都夤缘，选得本省司阃；余金市鞍马，冠盖赫奕。因念妇腊已高，终非良偶，因以百金聘王氏女为继室。心中悚怯，恐妇闻知，遂避德州道，迂途履任"。愤怒的狐妇找上门来，但石某避而不见，狐妇强行闯入，当面责骂。

> 又年余，妇自往归石，止于旅舍，托官署司宾者通姓氏。石令绝之。一日，方燕饮，闻喧詈声；释杯凝听，则妇已搴帘入矣。石大骇，面色如土。妇指骂曰："薄情郎！安乐耶？试思富若贵何所自来？我与汝情分不薄，即欲置婢妾，相谋何妨？"石累足屏气，不能复作声。久之，长跽自投，诡辞求宥。妇气稍平。

《卷八·丑狐》，书生嫌弃狐女貌丑，给的财物又渐少，就请术士捉她，昔日的情人反目成仇。

> 年余，屋庐修洁，内外皆衣文锦绣，居然素封。女赂贻渐少，生由此心厌之，聘术士至，画符于门。女啮折而弃之，入指生曰："背德负心，至君已极！然此奈何我！若相厌薄，我自去耳。但情义既绝，受

于我者须要偿也！"忿然而去。

《卷十二·浙东生》中，浙东生房某不念多日恩爱妄图捕捉狐女：

积半年，如琴瑟之好。一日，女卧床头，生潜以猎网蒙之。女醒，不敢动，但哀乞。生笑不前。女忽化白气，从床下出，恚曰："终非好相识！可送我去。"

狐女惊怒之余用法术把他扔在圈养着老虎的陷阱上面。

5.3.5　变故

变故指人狐交往过程中由于双方一方的生活轨迹发生了变化，如搬家、迁徙、返乡、第三者的出现等之类的客观事件。

狐举家搬迁，如《卷九·凤仙》，刘赤水与凤仙正两情谐好，却突然不得不分开：

女夜来，作别语。怪问之，答云："姊以履故恨妾，欲携家远去，隔绝我好。"刘惧，愿还之。女云："不必。彼方以此挟妾，如还之，中其机矣。"刘问："何不独留？"曰："父母远去，一家十余口，俱托胡郎经纪，若不从去，恐长舌妇造黑白也。"从此不复至。

人返归故里，如《卷二·巧娘》：

一日，华姑谓生曰："吾儿姊妹皆已奉事君。念居此非计，君宜归告父母，早订永约。"即治装促生行。二女相向，容颜悲恻；而巧娘尤不可堪，泪滚滚如断贯珠，殊无已时。华姑排止之，便曳生出。至门外，则院宇无存，但见荒冢。华姑送至舟上，曰："君行后，老身携两女僦屋于贵邑。倘不忘凤好，李氏废园中，可待亲迎。"生乃归。

人与狐各自返乡，开始新的生活，如《卷一·娇娜》：

一夕，公子谓生曰："切磋之惠，无日可以忘之。近单公子解讼归，索宅甚急，意将弃此而西。势难复聚，因而离绪萦怀。"生愿从之而去。公子劝还乡闾，生难之。公子曰："勿虑，可即送君行。"无何，太公引松娘至，以黄金百两赠生。公子以左右手与生夫妇相把握，嘱闭目勿视。飘然履空，但觉耳际风鸣，久之，曰："至矣。"启目，果见故里。始知公子非人。喜叩家门。母出非望，又睹美妇，方共忻慰。及回顾，则公子逝矣。松娘事姑孝，艳色贤名，声闻遐迩。

出现第三者，如《卷八·嫦娥》，宗子美因林姬索要彩礼太高，放弃了求娶嫦娥的念头，与狐女颠当相好。嫦娥主动找到宗子美表示愿意嫁给他，狐女颠当为了成全他们，主动离开：

隔夜，告之颠当。颠当深然其言，但劝宗专心嫦娥。宗不语；愿下之，而宗乃悦。即遣媒纳金林姬，姬无辞，以嫦娥归宗。入门后，悉述颠当言，嫦娥微笑，阳怂恿之。宗喜，急欲一白颠当，而颠当迹久绝。嫦娥知其为己，因暂归宁，故予之间，嘱宗窃其佩囊。已而颠当果至，与商所谋，但言勿急。及解衿狎笑，胁下有紫荷囊，将便摘取。颠当变色起，曰："君与人一心，而与妾二！负心郎！请从此绝。"宗曲意挽解，不听，竟去。一日，过其门探察之，已另有吴客僦居其中；颠当子母迁去已久，影灭迹绝，莫可问讯。

可以看出，人狐之恋的危机主要来自两个方面：一是客观原因，即权威或世俗的干预；二是主观原因，即主人公自身的疑虑和退缩。归根究底，还是由于社会主流价值观念和道德伦理对人狐之恋即自由婚恋和个性解放的否认，而个体在自我认可的过程中也产生了怀疑引起的。在革故立新的时代，人与自身阴影的对话之路必然充满曲折。比如青凤与耿去病之间，如果不是耿生无意中救了青凤一命，青凤的叔父以为她已经死了，他们不可能那么容易结合；又如红玉和相如、长亭和石氏等。（详见下文。）

5.4　和解

危机不可避免，但危机同时也孕育着转机，和解之路就在前方，人狐之恋必定会沿着预定的轨道持续发展。"我们不应忽视，拒绝和抗争说到底也意味着投入和操劳。同样，坚决地避免一个现实存在也表明这个人有这方面的问题。对一个人来说，最感兴趣和最重要的范围是他要消灭和避免的范围——因为这些范围是他的意识中没有的，使他不能完美无缺。那些没有被他自己接纳的外部原则会对他产生很大的干扰。"① 本节将探讨危机消除的过程、方法及结果。

5.4.1 过程

各种阻挠和天灾人祸，让人与狐变成了命运的共同体。在一起并肩作战、携手奋斗的过程中，人狐之间互相增进了解，增强信任，感情也随之加深。虽然迫于外力，有的人狐恋会终止，如《卷三·犬灯》，受到主人胁迫的仆人没有捉住狐女，但他与狐女之间的缘分却就此终结；又如《卷四·双灯》，魏生回到了自己的家乡与妻子团聚，狐女也就主动辞别，不再去干扰他的正常生活。

但也有不少人狐相恋经受住了各种考验和磨难，如《卷二·红玉》，由于父亲的反对，相如不得不与红玉分手。但后来相如家还是被恶人陷害，遭逢剧变，家破人亡，身陷囹圄，是红玉收养了他的孩子，后来又帮助他重整旗鼓，考取功名，光耀门楣。"其子贤，其父德，故其报之也侠。非特人侠，狐亦侠也。遇亦奇矣！"尽管事实证明红玉是这个家族的恩人，但囿于礼法，蒲松龄仍然不敢指责相如父亲的抱

---

① 托.德特勒夫森，吕·达尔克.疾病的希望——身心整合的疗愈力量 [M] 贾维森，李健鸣，译.沈阳：春风文艺出版社，1999:44.

残守缺、顽固不化，徒增儿子婚姻的变故。

又如婚事同样受父亲反对的《卷十·长亭》，石氏帮狐叟赶走了作祟的男鬼，狐叟答应他与长女长亭的婚事，但又反悔，导致他与长亭的婚姻充满坎坷。出尔反尔的狐叟惹怒了红亭的夫婿，找法师捉拿狐叟，石氏救了他，长亭感念石氏的恩情，不再理会蛮不讲理的父亲，从此与他长相厮守。那个时代，家长决定并随意干预儿女的终身大事，但是对自由爱情婚姻的向往已经成为人们追求的目标，抗争和坚持就有可能获得最后的胜利。

再如《卷二·莲香》，主要讲述了桑生和狐女莲香、鬼女李氏两女一夫的婚恋故事。由于东邻生的一句戏言和妓女的捉弄引来桑生与狐和鬼的际遇，故事极其曲折生动，犹如海上波浪般跌宕起伏、暗潮涌动，这集中体现于桑生与莲香和李氏之间的周旋，最终桑生因与李氏行房过度精气衰竭行将丧命，莲香用精心炼制的药将其救活。李氏羞愧难当，不辞而别，魂游天地之间，因缘际会附于张氏女体，莲香得知后极力成全桑、李的重逢，后因李氏重生的奇遇顿悟死后再生可享受正常的人伦生活，并订下十年之约。最终桑生赢得双美，共度人生。

5.4.2 神通

人狐之恋能战胜千难万险，最终走向幸福的未来，很重要的原因是狐具有治病救亡、能沟通神灵、预知祸福的超凡能力，有了神通就有了掌控命运的主导权。阴影在人类进化史中具有极其深远的根基，它很可能是一切原型中最强大、最危险的一个。当自我与阴影相互配合、亲密和谐时，人就会感到自己充满了生命的活力。这时候自我不是阻止而是引导着生命力从本能中释放和辐射出来。狐的神通其实就是阴影的能量的体现。当人主动与阴影对话，并尝试去整合阴影时，人就成了一个相对完整的、真实的个体，就有了自我疗愈的能量。

1. 治病

《卷一·娇娜》中，孔生的病让皇甫公子和太公都一筹莫展，娇娜却能手到病除，俨然一位熟练的外科医生，并且她有"红丸"这个神奇的法宝，能让治疗迅速见效：

乃脱臂上金钏安患处，徐徐按下之。创突起寸许，高出钏外，而根际余肿，尽束在内，不似前如碗阔矣。乃一手启罗衿，解佩刀，刃薄于纸，把钏握刃，轻轻附根而割。紫血流溢，沾染床席，而贪近娇姿，不惟不觉其苦，且恐速竣割事，偎傍不久。未几，割断腐肉，团团然如树上削下之瘿。又呼水来，为洗割处。口吐红丸，如弹大，着肉上，按令旋转：才一周，觉热火蒸腾；再一周，习习作痒；三周已，遍体清凉，沁入骨髓。女收丸入咽，曰："愈矣！"趋步出。

娇娜治好孔生的肿疮，二人从此结下了胜过爱情的异性知己情谊，后来孔生在狐族遭遇天灾时舍命相救，娇娜又一次救活孔生，这种感情便得到了升华，人与狐的命运已然融为一体。

《卷二·莲香》，桑生与女鬼李氏夜夜相会，纵欲过度，导致病入膏肓，狐女莲香两次出手相救。

第一次

莲曰："固知君不忘情，然不忍视君死。明日，当携药饵，为君以除阴毒。幸病蒂尤浅，十日羞当已。请同榻以视瘳可。"次夜，果出刀圭药啖生。顷刻，洞下三两行，觉脏腑清虚，精神顿爽。心虽德之，然终不信为鬼。莲香夜夜同衾偎生；生欲与合，辄止之。数日后，肤革充盈。欲别，殷殷嘱绝李。

第二次

生羸卧空斋，思莲香如望岁。一日，方凝想间，忽有搴帘入者，则莲香也。临榻哂曰："田舍郎，我岂妄哉！"生哽咽良久，自言知罪，但求拯救。莲曰："病入膏肓，实无救法。姑来永诀，以明非妒。"

莲解囊出药，曰："妾早知有今，别后采药三山，凡三阅月，物料始备，瘵蛊至死，投之无不苏者。然症何由得，仍以何引，不得不转求效力。"问："何需？"曰："樱口中一点香唾耳。我一九进，烦接口而唾之。"李晕生颐颊，俯首转侧而视其履。莲戏曰："妹所得意惟履耳！"李益惭，俯仰若无所容。莲曰："此平时熟技，今何吝焉？"遂以丸纳生吻，转促逼之。李不得已，唾之。莲曰："再！"又唾之。凡三四唾，丸已下咽。少间，腹殷然如雷鸣。复纳一九，自乃接唇而布以气。生觉丹田火热，精神焕发。

狐女莲香是多情的，并且她的情并不仅仅局限于爱情。她对桑生不放弃，可以说是一种深层的爱。面对桑生执迷不悟，为鬼魅所迷，她虽是表面上与桑生一刀两断，而实际上却是暗地里为他采药，她的贤良淑德近乎完美。而面对李氏，莲香的感情更是复杂，在精心照料桑生之后"殷殷嘱绝李"并不是针对李氏的存在，而是以桑生身体为主。当李氏出现后被莲香所诘问时，莲香一句："佳丽如此，乃以爱结仇耶？"体现其高超和洞悉凡尘的智慧，她深深理解李氏对桑生的一片真情，只是温柔地提醒了李氏什么是真爱，于是李氏真心拜服，而不再像以前一样争风吃醋。接下来两人的互问互答中，莲香一句"痴哉"道出了李氏的心声，也凸显出莲香的脱俗。而在面对重生后的李氏时，莲香又不无可爱地为新人布置、张罗婚礼。

《卷七·小翠》，有一天元丰见小翠在洗澡，也闹着要一起洗，小翠便趁机用汗蒸法治疗他的痴傻症。

既去，乃更泻热汤于瓮，解其袍裤，与婢扶之入。公子觉蒸闷，大呼欲出。女不听，以衾蒙之。少时，无声，启视，已绝。女坦笑不惊，曳置床上，拭体干洁，加复被焉。夫人闻之，哭而入，骂曰："狂婢何杀吾儿！"女鞼然曰："如此痴儿，不如勿有。"夫人益恚，以首触女；婢辈争曳劝之。方纷噪间，一婢告曰："公子呻矣！"辍涕抚之，则气息休休，而大汗浸淫，沾浃裍襦。食顷，汗已，忽开目四顾，遍视家人，似不相识，曰："我今回忆往昔，都如梦寐，何也？"夫人以其言语不痴，大异之。携参其父，屡试之，果不痴。大喜，如获异宝。

痊愈之后，二人才真正建立起夫妻关系，"至晚，还榻故处，更设衾枕以觇之。公子入室，尽遣婢去。早窥之，则榻虚设"。"琴瑟静好，如形影焉"，爱情的甜蜜，婚姻的幸福，也使元丰彻底康复，"自此痴颠皆不复作"。

2. 通神

朱公要回家乡奔丧，狐女为了安慰心上人，疏通河神，与其一起渡船返乡。

"公解任，欲与偕旋。狐不可。送之河上。强之登舟。女曰：'君自不知，狐不能过河也。'"

但很快她见了一个客人之后又与朱公一起上了船："曩所谒非他，河神也。妾以君故，特请之。彼限我十天往复，故可暂依耳。(《卷二·汾州狐》)

刘仲堪与甄后别后相思成疾，家中仆人——狐妪主动请缨，帮他给甄后送信。

家一老妪，忽谓刘曰："郎君意颇有思否？"刘以言隐中情，告之。妪曰："郎试作尺一书，我能邮致之。"刘惊喜曰："子有异术，向日昧于物色。果能之，不敢忘也。"乃折柬为函，付妪便去。半夜而返。(《卷七·甄后》)

狐女舜华送流亡中的张鸿渐回家。

过二三日，忽曰："妾思痴情恋人，终无意味。君日怨我不相送，今适欲至都，便道可以同去。"乃向床头取竹夫人共跨之，令闭两眸，觉离地不远，风声飕飕。移时，寻落。女曰："从此别矣。"方将订嘱，女去已渺。怅立少时，闻村犬鸣吠，苍茫中见树木屋庐，皆故里景物，

循途而归。逾垣叩户，宛若前状。方氏惊起，不信夫归；诘证确实，始挑灯呜咽而出。既相见，涕不可仰。(《卷九·张鸿渐》)

在其不慎打死欲对其妻图谋不轨的同乡无赖，又一次官司缠身，被廨役押解的途中，舜华再次救了他。

途中遇女子跨马过，一老妪捉鞚，盖舜华也。张呼妪欲语，泪随声堕。女返辔，手启障纱，讶曰："表兄也，何至此？"张略述之。女曰："依兄平昔，便当掉头不顾；然予不忍也。寒舍不远，即邀公役同临，亦可少助资斧。"从去二三里，见一山村，楼阁高整。女下马入，令妪启舍延客。既而酒炙丰美，似所夙备。又使妪出曰："家中适无男子，张官人即向公役多劝数觞，前途倚赖多矣。遣人措办数十金为官人作费，兼酬两客，尚未至也。"二役窃喜，纵饮，不复言行。日渐暮，二役径醉矣。女出以手指械，械立脱。曳张共跨一马，驶如龙。少时，促下，曰："君止此。妾与妹有青海之约，又为君逗留一晌，久劳盼注矣。"张问："后会何时？"女不答，再问之，推堕马下而去。既晓，问其地，太原也。(《卷九·张鸿渐》)

3. 预设未来

狐女变成阿绣想要得到刘子固的爱情，却被刘对阿绣的痴情打动，于战乱中救出了真阿绣，成全了二人的婚事。

女曰："妾真阿绣也。父携妾自广宁归，遇兵被俘，授马屡堕。忽一女子，握腕趣遁，荒窜军中，亦无诘者。女子健步若飞隼，苦不能从，百步而屡屡裰焉。久之，闻号嘶渐远，乃释手曰：'别矣！前皆坦途，可缓行，爱汝者将至，宜与同归。'"刘知其狐，感之。(《卷七·阿绣》)

狐女小梅预知丈夫将在瘟疫中去世，为避灾提前带走儿子，并为儿子回乡认祖做好准备。

女生一子。子生，左臂有朱点，因字小红。弥月，女使王盛筵招黄。黄贺仪丰渥，但辞以耄，不能远涉；女遣两媪强邀之，黄始至。抱儿出，袒其左臂，以示命名之意。又再三问其吉凶。黄笑曰："此喜红也，可增一字，名喜红。"女大悦，更出展叩。是日，鼓乐充庭，贵戚如市。黄留三日始去。

所萦族人，共噪儿非慕贞体胤，女亦不置辩。既而黄公至，女引儿出迎。黄握儿臂，便将左袂，见朱记宛然，因袒示众人以证其确。乃细审失物，登簿记名，亲诣邑令。令拘无赖辈，各笞四十，械禁严迫；不数日，田地马牛，悉归故主。（《卷九·小梅》）

狐妾预知将发生战事，提议刘洞九请求调任，并预备钱财助其疏通关系脱身。

女凡事能先知，遇有疑难，与议，无不剖。一日，并坐，忽仰天大惊曰："大劫将至，为之奈何！"刘惊问家口，曰："余悉无恙，独二公子可虑。此处不久将为战场，君当求差远去，庶免于难。"刘从之，乞于上官，得解饷云贵间。道里辽远，闻者吊之，而女独贺。无何，姜瓖叛，汾州没为贼窟。刘仲子自山东来，适遭其变，遂被其害。城陷，官僚皆罹于难，惟刘以公出得免。盗平，刘始归。寻以大案窒误，贫至饔飧不给；而当道者又多所需索，因而窘忧欲死。女曰："勿忧，床下三千金，可资用度。"刘大喜，问："窃之何处？"曰："天下无主之物，取之不尽，何庸窃乎！"刘借谋得脱归，女从之。（《卷三·狐妾》）

房某想要捉狐女反被狐女捉弄，但善良的狐女知道他很想回家乡却苦于没有盘缠，就有意把他送到离家比较近的地方，方便他返乡。

其地乃浙界，离家止四百馀里矣。主人赠以资遣归。归告人："虽得两次死，然非狐则贫不能归也。"（《卷十二·浙东生》）

5.4.3　结局

危机解除之后人与狐的关系得以修复，有的一起过上了幸福的生活，有的友好辞别，也有的上天成了神仙。在这个阶段，书生和主人公们投射给狐女们的不再局限于阴影，更多的已经上升到阿尼玛的层面。阿尼玛四个阶段的不同形象及其主要特征：夏娃形象的阿尼玛，往往表现为男人的母亲情结；海伦形象的阿尼玛则更多地表现为性爱对象；玛丽亚形象的阿尼玛表现的是爱恋中的神性；索菲亚形象的阿尼玛则像缪斯那样属于男人内在的创造源泉。这四个阶段的阿尼玛在狐女的身上都有所体现。

1. 大团圆

在经历了同生共死之后，孔生与松娘、娇娜、皇甫公子全家不分彼此，宛如一家人。

> 既归，以闲园寓公子，恒返关之；生及松娘至，始发扃。生与公子兄妹，棋酒谈宴，若一家然。（《卷一·娇娜》）

在这里，松娘是孔生海伦阶段的阿尼玛，娇娜是玛利亚甚至索菲亚阶段的阿尼玛。

耿去病在危难之中救了青凤的叔父，与他尽弃前嫌，和睦相处。

> 女谓生曰："君如念妾，还祈以楼宅相假，使妾得以申返哺之私。"生诺之。叟赧然谢别而去。入夜，果举家来。由此如家人父子，无复猜忌矣。生斋居，孝儿时共谈谦。生嫡出子渐长，遂使傅之；盖循循善教，有师范焉。（《卷一·青凤》）

经由同甘苦、共患难，恋爱中的神性增加。对于耿生来说，青凤由当初的海伦阶段性爱对象的阿尼玛已经上升到玛利亚神性阶段的阿尼玛。

王子服与婴宁有了孩子，并帮助婴宁埋葬了养育她多年的鬼母。婴宁的母性展现出来，夏娃阶段的阿尼玛呈现在读者面前。

由是岁值寒食，夫妇登秦墓，拜扫无缺。女逾年，生一子，在怀抱中，不畏生人，见人辄笑，亦大有母风云。(《卷二·婴宁》)

获悉李氏还魂的奇异经历后，莲香心中有所触动，不甘为狐的她再次暗暗下了决心求死，重新托生为人，并相约十余年后再相逢。

女忽如梦醒，豁然曰："咦！"熟视燕儿。生笑曰："此'似曾相识燕归来'也。"女泫然曰："是矣。闻母言，妾生时便能言，以为不祥，犬血饮之，遂昧宿因。今日始如梦寤。娘子其耻于为鬼之李妹耶？"共话前生，悲喜交至。(《卷二·莲香》)

在这个故事中，莲香始终集母性的、神性的和创造性的阿尼玛于一体，而李氏则主要是桑生性爱阿尼玛的投射。

《卷二·巧娘》，狐女三娘和巧娘一起嫁给了傅廉，"二女谐和，事姑孝"。这里，狐女三娘因其母亲华姑的关系，母性的阿尼玛成分较明显，而鬼女巧娘则更多的是性爱的阿尼玛。

《卷二·红玉》，红玉帮助丈夫重回科举之路，并重整家业，亦妻亦母。"时年三十六，腴田连阡，夏屋渠渠矣。女袅娜如随风欲飘去，而操作过农家妇，虽严冬自苦，而手腻如脂。自言二十八岁，人视之，常若二十许人。"

《卷三·黄九郎》，九郎成功以色相迷惑抚公，帮助何子萧摆脱困境，还带回了大量的财富。"九郎知其去冥路近也，遂辇金帛，假归公家。既而抚公薨，九郎出资，起屋置器，畜婢仆，母子及妗并家焉。九郎出，舆马甚都，人不知其狐也。"

《卷四·青梅》，狐女青梅与小姐阿喜先后都嫁给了张生，二女一夫，夫唱妇随，生活圆满。"后张仕至侍郎。程夫人举二子一女，王夫人四子一女。张上书陈情，俱封夫人。"

《卷五·鸦头》，儿子打死恶狐外祖母和姨母，救出母亲鸦头，在被迫分离了近二十年之后，夫妻、母子终于团聚。

《卷九·凤仙》，凤仙督促丈夫刘赤水日夜苦读，终于在科考中一举夺魁，光宗耀祖，"明春，刘及第。凤仙以招祸，故悉辞内戚之贺。刘亦更不他娶。及为郎官，纳妾，生二子"。

《卷十·长亭》，石太璞救了长亭的父亲，长亭从此理直气壮与顽固的父亲对抗，捍卫自己的婚姻和幸福。"女次日去，二日即返。问：'何速？'曰：'父以君在汴曾相戏弄，未能忘怀，言之絮絮；妾不欲复闻，故早来也。'自此闺中之往来无间，而翁婿间尚不通吊庆云。"

2. 辞别

狐女们自觉完成使命，主动辞别。《卷一·王成》："过三年，家益富。妪辞欲去。夫妇共挽之，至泣下。妪亦遂止。旭旦候之，已杳然矣。"通过经商、务农，王成已经过上了富裕的生活，狐妪认为她的使命已经完成。《卷二·汾州狐》："朱曰：'向言不能渡，今何以云？'曰：'曩所谒非他，河神也。妾以君故，特请之。彼限我十天往复，故可暂依耳。'遂同济。至十日，果别而去。"朱公结束宦游生活，回归故里，生活进入常态，也是狐女应该离开的时候。《卷四·狐谐》："忽有数人来，狐从与语，备极寒暄。乃语万曰：'我本陕中人，与君有夙因，遂从许时。今我兄弟来，将从以归，不能周事。'留之不可，竟去。"同样，主人公万福结束流亡生活回家，狐女也借故返乡离去。《卷四·双灯》："后半年，魏归家。适月夜与妻话窗间，忽见女郎华妆坐墙头，以手相招。魏近就之。女援之，逾垣而出，把手而告曰：'今与君别矣。请送我数武，以表半载绸缪之意。'魏惊叩其故，女曰：'姻缘自有定数，何待说也。'语次，至村外，前婢挑双灯以待；竟赴南山，登高处，乃辞魏言别。魏留之不得，遂去。魏伫立彷徨，遥见双灯明灭，渐远不可睹，怏怏而反。是夜山头灯火，村人悉望见之。"魏生结束寄居生活，返乡与妻子团聚，狐女现身辞别。

缘尽而别。《卷三·毛狐》，善良的毛狐临别时赠金并出谋划策帮助农子马天荣聘妇，还赠药帮他除狐毒。"天明而去，授黄末一刀圭，曰：'别后恐病，服此可疗。'"《卷五·荷花三娘子》，狐女差点被法师捉住，为了不继续为害宗相若，主动辞别。"宗谨受教。既而告别，宗固挽之。女曰：'自遭厄劫，顿悟大道。奈何以衾裯之爱，取人仇怨？'厉声辞去。"《卷七·小翠》，王元丰病愈，王家也逢凶化吉，小翠与王元丰的五年缘分也走到了尽头。"往至园亭，则女亦不知所在。问婢，婢出红巾曰：'娘子暂归宁，留此贻公子。'展巾，则结玉玦一枚，心知其不返，遂携婢俱归。虽顷刻不忘小翠，幸而对新人如觏旧好焉。始悟钟氏之姻，女预知之，故先化其貌，以慰他日之思云。"

男主人公去世，狐也离开。《卷三·狐妾》，狐妾在刘洞九去世前就预知了他将不久于人间，提前离开。"后数年忽去，纸裹数事留赠，中有丧家挂门之小幡，长二寸许，群以为不祥。刘寻卒。"《卷八·丑狐》，男二号去世后，在他儿子的劝说下，丑狐离开。"后于氏早卒，女犹时至其家，家中金帛辄亡去。于子睹其来，拜参之，遥祝：'父即去世，儿辈皆若子，纵不抚恤，何忍坐令贫也？'女去，遂不复至。"

为了玉成主人公，诀别。《卷七·阿绣》，真阿绣与刘子固成婚，生活幸福美满，狐女离开。"三年后，绝不复来。偶失金帛，阿绣效其装吓家人，亦屡效焉。"《卷九·张鸿渐》，为了成全张鸿渐的婚姻和家庭，狐女舜华主动送张鸿渐回去，并在又一次救了他之后与之诀别，前面已引原文，此处不再赘述。

狐女有了新的使命，不得已告别。《卷五·狐梦》："'妾与四妹妹为西王母征作花鸟使，不复得来矣。曩有姊行，与君家叔兄，临别已产二女，今尚未醮；妾与君幸无所累。'……至里许，洒涕分手，曰：'役此有志，未必无会期也。'乃去。"

3. 成仙

《卷二·胡四姐》，胡四姐修炼成仙后，又度尚生为鬼仙。

又二十年余，生适独居，见四姐自外至，生喜与语。女曰："我今名列仙籍，不应再履尘世。但感君情，敬报撒瑟之期。可早处分后事；亦勿悲忧。妾当度君为鬼仙，亦无苦也。"乃别而去。至日，生果卒。

《卷十二·褚遂良》，狐女与赵某——转世的唐朝褚遂良一起生活，受到俗世的干扰，狐女不堪其烦，带领赵某登天梯进入仙界。

女命赵取梯。赵于舍后负长梯来，高数丈。庭有大树一章，便倚其上；梯更高于树杪。女先登，赵亦随之。女回首曰："亲宾有愿从者，当即移步。"众相视不敢登。惟主人一僮，踊跃从其后。上上益高，梯尽云接，不可见矣。

在危机面前，狐固然有各种神通和法术，但是人类的坚持和努力同样非常重要，双方相向而行才会有好的结局。否则便会中途废止，无果而终。阴影的能量是巨大的，但人也要主动去接纳它、配合它，才可能走向转化和整合。狐女们作为主人公们的阿尼玛，在故事发展的前期，主要是性爱的阶段的成分居多，而随着故事的展开，到了中后期，神性甚至灵感层面的成分逐渐增强。这种动态的变化，值得关注和深入研究。

5.5　小结

本章从走在相遇的路上、因缘际会的相遇过程、遭遇的种种主客观方面的阻碍、双方共同努力克服危机最终实现和解等几个方面解析了人狐之恋的整个过程，探讨了人与阴影对话的曲折过程。

"我们的阴影使我们感到恐惧，这不足为奇，因为这个阴影完全是由那些被我们推开的现实部分组成，我们很少经历这些现实部分，并不想在我们自身发现。我们深信，为了使世界尽善尽美，必须从世界上消除一些现象，而阴影是这些现象的总和。情况恰恰相反：阴影包含了所有我们这个世界为尽善尽美所缺少的一切。阴影使我们生病，也就是不健康，因为缺少它，我们不可能健康。"① 人们惧怕阴影，但即使能够直面阴影，愿意主动与其对话，要完全接受它也不是一件容易的事情。"在一切情况下，接受阴影总是以道德冲突为先导的。在冲突中，自我自始至终努力捍卫自己的价值世界；只有通过受苦，它终于才达到对新道德的认识。在新道德中，自我和有意识心灵不再对唯一的和最终的决定负责。"② 值得庆幸的是，虽然经历了许多苦难，《聊斋志异》中人狐之恋的结局无论是白头偕老还是中途辞别，大多数还是比较圆满。这在当时的社会现实中可能是很难实现的，但它毕竟是蒲松龄借助小说为部分个体试图挑战僵化的传统价值观、道德观，建立新道德的一种大胆尝试，是人与阴影亲密对话走向人格整合的一种文学化了的理想实现。

---

① 托．德特勒夫森，吕·达尔克．疾病的希望——身心整合的疗愈力量 [M]．贾维森，李健鸣，译．沈阳：春风文艺出版社，1999：45.

② 埃利希·诺伊曼·深度心理学与新道德高宪田，黄水乞，译．北京：东方出版社，1998：121.

第6章

整合之路：个体的成长与自性化

"为学日益，为道日损。"

——《道德经》第四十八章

在第 5 章，我们呈现了《聊斋志异》狐小说以相遇为中心的结构分析，本章将从全局视角和纵深层面讨论相遇中一系列层层递进、持续深入的敞开过程——从现实到历史，从恩怨到关系，从关系到自性化的自我认识与发展的整个过程，深入解析对话阴影和整合人格的深层故事结构。

6.1 执迷与觉悟

从前面几章的论述可以看出，人与狐的对话之路充满了矛盾和冲突，有信任也有疑虑，有相敬如宾也有形同陌路，有如胶似漆也有势同水火，美与丑、善与恶、爱与恨在 82 篇狐小说中既对立又合作，既分离又交融。要完成阴影的整合，实现自性化着实不易，如同荣格在《关于炼金术中宗教和心理学问题的介绍》中所说："因此，关于自性的真相——善美与邪恶的高深莫测的统一——便具体地呈现于自相矛盾之中，即虽然罪恶是最为严重的，而且大多数恶性情况涉及其中，但是，罪恶仍然没有如此严重，以至于无法用'盖然论者'的观点来应付。这也不必然是一种松懈的、无关紧要的行动，而仅仅是生活中一种实用的必要行动。告解的作用就像生活本身，生活能够成功地抗争而不被无法兼容的矛盾冲突吞没。同时要注意到，这种冲突本身也一直充满了力量，而这又一次与自性本身所具有的叛逆特征相吻合了，自性本身就是既冲突又统一的东西。"①

在这个既冲突又统一的过程中，深陷狐祟、狐恋、狐友关系中的主人公的成长过程和心理发展会是怎样的呢？

6.1.1 从现实到历史

相遇发生在特定的时间、特定的地点，构成了特定的情境，然后发生变故，最终故事走向自己的结局，就在这样的背景之中，在现实的相遇中，历史也一步步撩开它神秘的面纱，一点点露出真相。

1. 相遇的情境

主人公常常是在特殊的情境下与狐相遇，如旅居在外，遭遇突变或深夜独处，怎样摆脱困境、走出人生的低谷，是他们面临的最迫切的问题。客观境遇兼之主人公自身的某些人格特质，一起促使他倾听自己内心的声音，直面现实的需求。而此刻也正是狐出现的时候。

《卷一·娇娜》，"孔生雪笠，圣裔也。为人蕴藉，工诗。有执友令天台，寄函招之。生往，令适卒。落拓不得归，寓菩陀寺，佣为寺僧抄录"。怀揣梦想投奔县令好友，对方却偏偏去世，他连回家的路费都没有。流落在外的孔生那种焦虑、失落的心情可想而知，只怕他做梦都想尽快离开普陀寺，早日做官发达，衣锦还乡。就在此时，在一个大雪过后的清晨，他邂逅了狐仙皇甫公子一家：

一日，大雪崩腾，寂无行旅。偶过其门，一少年出，丰采甚都。见生，趋与为礼，略致慰问，即屈降临。生爱悦之，慨然从入。

孔生受到皇甫公子和他父亲最高规格的礼遇，成为他们的家庭教师，与他们亦师亦友，亲如一家。

《卷四·胡四相公》，"莱芜张虚一者，学使张道一之仲兄也，性豪

---

① 荣格. 情结与阴影 [M]. 长春：长春出版社，2014:121.

放自纵"。从后文可以看出，虽然他的弟弟做了学使，而他的生活境遇却不怎么样。豪放自纵的性格使得他乐于广交朋友，他听说某人的宅子里有狐狸居住，就恭恭敬敬地递上拜帖，请求一见。对于主动登门拜访、恭敬虔诚的张生，狐狸也是以礼相待，人与狐竟然成为莫逆之交。

> 张肃衣敬入，见堂中几榻宛然，而阒寂无人，揖而祝曰："小生斋宿而来，仙人既不以门外见斥，何不竟赐光霁？"忽闻空中有人言曰："劳君枉驾，可谓跫然足音矣。请坐赐教。"即见两座自移相向。甫坐，即有镂漆朱盘，贮双茗盏，悬目前。各取对饮，吸沥有声，而终不见其人。茶已，继之以酒。细审官阀，曰："弟姓胡，于行为四；曰相公，从人所呼也。"于是酬酢议论，意气颇洽。鳖羞鹿脯，杂以芳蓼。进酒行炙者，似小辈甚伙。酒后思茶，意才动，香茗已置几上。凡有所思，应念即至。张大悦，尽醉而归。自是三数日必一访胡，胡亦时至张家，并如主客往来礼。

《卷六·马介甫》：

> 杨万石，大名诸生也。生平有"季常之惧"。妻尹氏，奇悍，少迕之，辄以鞭挞从事。杨父年六十馀而鳏，尹以齿奴隶数。杨与弟万锺常窃饵翁，不敢令妇知。然衣败絮，恐贻讪笑，不令见客。万石四十无子，纳妾王，旦夕不敢通一语。兄弟候试郡中，见一少年，容服都雅。与语，悦之，询其姓字，自云："介甫，马姓。"由此交日密，焚香为昆季之盟。

惧内自古以来就是部分已婚男性面临的极尴尬的家庭困境之一，杨万石不幸成为其中一员。家有悍妻，老父被当成奴隶对待，小妾形同虚设，可能绝嗣，弟弟一家也遭受欺凌，即使如此，还莫名其妙常常遭遇河东狮吼，这个家简直就是人间地狱。一个"候试郡中"的机会，杨万石兄弟竟然与"容服都雅"的少年马介甫一见如故，结为昆季之盟。这一段看似寻常的友谊会给这个水深火热的家庭带来什么变化呢？

《卷六·刘亮采》：

初，太翁居南山，有叟造其庐，自言胡姓。问所居，曰："只在此山中。闲处人少，惟我两人，可与数晨夕，故来相拜识。"因与接谈，词旨便利，悦之。治酒相欢，醺而去。

古时人烟稀少，深山密林中更是罕有人迹。太翁深居山中，又膝下无子，生活不免凄凉寂寞。狐的出现，让双方有了可以一起谈天说地、喝茶饮酒的伙伴，生活变得轻松愉快起来。

《卷十·恒娘》，原配朱氏在丈夫纳妾之后面临失宠的境遇，搬家后遇到新邻居恒娘，恒娘的丈夫也有一个小妾，而且比恒娘年轻漂亮许多，但她丈夫却与恒娘关系很好，小妾被晾在一旁。

洪大业，都中人，妻朱氏，姿致颇佳，两相爱悦。后洪纳婢宝带为妾，貌远逊朱，而洪嬖之。朱不平，遂以此反目。洪虽不敢公然宿妾所，然益嬖宝带，疏朱。后徙其居，与帛商狄姓者为邻。狄妻恒娘，先过院谒朱。恒娘三十许，姿仅中人，言词轻倩。朱悦之。次日，答其拜，见其室亦有小妾，年二十以来，甚娟好。邻居几半年，并不闻其诟谇一语；而狄独钟爱恒娘，副室则虚员而已。"

朱氏能否从这位聪明的邻居那里获得援助呢？

2. 浮现的历史

人狐相遇之后，在互相交往的现实情境之中，历史逐渐浮现，狐的身份，以及与人类过去的缘分等逐一展现出来。

《卷一·娇娜》，我们看孔生进入皇甫公子家之后的生活：

已而进锦衣一袭，貂帽、袜、履各一事。视生盥栉已，乃呼酒荐馔。几、榻、裙、衣，不知何名，光彩射目。酒数行，叟兴辞，曳杖而去。餐讫，公子呈课业，类皆古文词，并无时艺。问之，笑云："仆不求进取也。"抵暮，更酌曰："今夕尽欢，明日便不许矣。"呼僮曰："视太公寝未？已寝，可暗唤香奴来。"僮去，先以绣囊将琵琶至。少顷，一婢入，红妆艳艳。公子命弹《湘妃》，婢以牙拨勾动，激扬哀烈，节拍不类凡闻。又命以巨觥行酒，三更始罢。次日早起共读。公子最慧，过目成咏，二三月后，命笔警绝。

考究的住所，奢华的生活，漂亮的婢女。这个学生十分聪慧，却对功名利禄毫无兴趣，不同流俗的行为背后隐含着神秘和蹊跷。更为奇怪的事情还在后面，当孔生得了疮病，胸前肿大如桃，大家都手足无措之时，一个年轻貌美的妙龄少女竟然能妙手回春，立刻治好他的恶疾。

公子曰："儿前夜思先生清恙，娇娜妹子能疗之，遣人于外祖处呼令归，何久不至？"俄僮入白："娜姑至，姨与松姑同来。"父子疾趋入内。少间，引妹来视生。年约十三四，娇波流慧，细柳生姿。生望见艳色，嚬呻顿忘，精神为之一爽。公子便言："此兄良友，不啻同胞也，妹子好医之。"女乃敛羞容，揄长袖，就榻诊视。把握之间，觉芳气胜兰。女笑曰："宜有是疾，心脉动矣。然症虽危，可治；但肤块已凝，非伐皮削肉不可。"乃脱臂上金钏安患处，徐徐按下之……生跃起走谢，沉痼若失。

孔生因此爱上了娇娜，并娶到了和娇娜一样美丽的松娘，正当他享受着这一切时，离别已近在眼前，皇甫一家的身份也初次显露。

一夕，公子谓生曰："切磋之惠，无日可以忘之。近单公子解讼归，索宅甚急，意将弃此而西。势难复聚，因而离绪萦怀。"生愿从之而去。公子劝还乡闾，生难之。公子曰："勿虑，可即送君行。"无何，太公引松娘至，以黄金百两赠生。公子以左右手与生夫妇相把握，嘱闭目勿视。飘然履空，但觉耳际风鸣，久之，曰："至矣。"启目，果见故里。始知公子非人。

直到数年之后重逢，皇甫一家将遭雷霆之劫，急需孔生相助，他们的狐族身份才如实告知。

《卷六·马介甫》，马介甫得知杨万石的父亲被儿媳虐待不得温饱，就主动为老人购置衣物，收留老人，杨万石的妻子知道后撒泼，马介甫用法术捉弄她，他不同寻常的身份已现端倪。

妇闻老翁安饱，大怒，辄骂，谓马强预人家事。初恶声尚在闺阃，渐近马居，以示瑟歌之意。杨兄弟汗体徘徊，不能制止；而马若弗闻也者。妾王，体妊五月，妇始知之，褫衣惨掠。已，乃唤万石跪受巾帼，操鞭逐出。值马在外，惭懅不前。又追逼之，始出。妇亦随出，又手顿足，观者填溢。马指妇叱曰："去，去！"妇即反奔，若被鬼逐。裤履俱脱，足缠萦绕于道上；徒跣而归，面色灰死。少定，婢进袜履。着已，嗷啕大哭。家无敢问者。马曳万石为解巾帼。万石竦身定息，如恐脱落；马强脱之，而坐立不宁，犹惧以私脱加罪。探妇哭已，乃敢入，趑趄而前。妇殊不发一语，遽起，入房自寝。万石意始舒，与弟窃奇焉。家人皆以为异，相聚偶语。

接着马又变化成巨人严惩恶妇，"由是妇威渐敛，经数月不敢出一恶语。马大喜，告万石曰：'实告君，幸勿宣泄；前以小术惧之。既得好合，请暂别也。'遂去。""小术"又一次彰显了他的不同寻常。后来他给杨万石吃"丈夫再造散"，带走杨的侄子喜儿，找回他的父亲等一系列的行为都不是一个普通人能够完成的事情。直到后来家破人亡的杨万石与喜儿重逢，喜儿才向他叙述了事情的始末。

初，马携喜儿至此，数日，即出寻杨翁来，使祖孙同居。又延师教读。十五岁入邑庠，次年领乡荐，始为完婚。乃别欲去。祖孙泣留之。马曰："我非人，实狐仙耳。道侣相候已久。"遂去。

谜底终于揭开，这位法术高强、为朋友不辞劳苦、竭尽全力且深谋远虑的马介甫是一位狐仙。

再看《卷七·小翠》，狐女小翠与王家的关系一开始也是扑朔迷离。王太常正为自己的傻儿子讨不到媳妇王家要绝嗣发愁，突然来了个老太太带着她如花似玉的女儿。

适有妇人率少女登门，自请为妇。视其女，嫣然展笑，真仙品也。喜问姓名。自言："虞氏。女小翠，年二八矣。"……遂出门去。小翠殊不悲恋，便即奁中翻取花样。夫人亦爱乐之。

在小翠以游戏的方式设计解除了王给谏的诬陷之后，王太常也曾有疑虑，"王由是奇女。又以母久不至，意其非人。使夫人探诘之，女但笑不言。再复穷问，则掩口曰：'儿玉皇女，母不知耶？'"小翠治好了王元丰的病，并多次挽救了王家，是王家的大恩人，却因失手打碎一只花瓶受到王氏夫妇严厉的责骂，小翠一怒之下离开王家，并说出了自己的真实身份。

女愤而出，谓公子曰："我在汝家，所保全者不止一瓶，何遂不少存面目？实与君言：我非人也。以母遭雷霆之劫，深受而翁庇翼；又以我两人有五年凤分，故以我来报曩恩、了凤愿耳。身受唾骂，擢发不足以数，所以不即行者，五年之爱未盈。今何可以暂止乎！"盛气而出，追之已杳。

6.1.2 从恩怨到关系

1.既有的恩怨

在人与狐的相遇以及故事的发展过程中，狐似乎具有一定的主动性，无论是报恩、复仇还是作祟，都是它们预设好了的，何时相遇，何时离别，会有怎样的变故，未来会怎样，它们似乎早已洞悉了天机，一切皆在它们掌控之中。于是，它们尽心尽力、不辞劳苦，它们精心设计、步步为营。最终他们报答了恩人或好友，了结了一段情缘——爱情或友情；惩罚了恶人，报了灭门之恨。

（1）恩（人、狐友好类）

这一类故事前文已经谈到了很多，如小翠、小梅等狐女替母报恩，马介甫助友惩悍妻。这里我们再列举一个突出的例子：《卷十·恒娘》。朱氏把恒娘当成好姐妹，贴心的知己，恒娘也视其为挚友。出于对好友的关照，恒娘精心设计，指导因失宠而极度苦闷的朱氏一步步重新赢得丈夫的宠爱。

朱一日见恒娘而问之曰："予向谓良人之爱妾，为其为妾也，每欲易妻之名呼作妾。今乃知不然。夫人何术？如可授，愿北面为弟子。"

谋略：第一步

恒娘曰："嘻！子则自疏，而尤男子乎？朝夕而絮聒之，是为丛驱雀，其离滋甚耳！其归益纵之，即男子自来，勿纳也。一月后，当再为子谋之。"

实践一：纵容

朱从其言，益饰宝带，使从丈夫寝。洪一饮食，亦使宝带共之。洪时一周旋朱，朱拒之益力，于是共称朱氏贤。如是月余，朱往见恒娘。

谋略：第二步

恒娘喜曰："得之矣！子归毁若妆，勿华服，勿脂泽，垢面敝履，杂家人操作。一月后，可复来。"

实践二："自毁形象"

朱从之。衣敝补衣，故为不洁清，而纺绩外无他问。洪怜之，使宝带分其劳；朱不受，辄叱去之。如是者一月，又往见恒娘。

谋略：第三步

恒娘曰："孺子真可教也！后日为上巳节，欲招子踏春园。子当尽去敝衣，袍裤袜履，崭然一新，早过我。"朱曰："诺。"

实践三：焕然一新

至日，揽镜细匀铅黄，一一如恒娘教。妆竟，过恒娘，恒娘喜曰：

"可矣！"又代换凤髻，光可鉴影。袍袖不合时制，拆其线，更作之；谓其履样拙，更于箧中出业履，共成之，讫，即令易着。

谋略：第四步

临别，饮以酒，嘱曰："归去一见男子，即早闭户寝，渠来叩关，勿听也。三度呼，可一度纳。口索舌，手索足，皆吝之。半月后当复来。"

实践四：欲擒故纵

朱归，炫妆见洪。洪上下凝睇之，欢笑异于平时。朱少话游览，便支颐作惰态；日未昏，即起入房，阖扉眠矣。未几，洪果来款关，朱坚卧不起，洪始去。次夕复然。明日，洪让之，朱曰："独眠习惯，不堪复扰。"日既西，洪入闺坐守之。灭烛登床，如调新妇，绸缪甚欢。更为次夜之约；朱不可；长与洪约，以三日为率。

谋略：第五步（媚术）

半月许，复诣恒娘。恒娘阖门与语曰："从此可以擅专房矣。然子虽美，不媚也。子之姿，一媚可夺西施之宠，况下者乎！"于是试使睨，曰："非也！病在外眦。"试使笑，又曰："非也！病在左颐。"乃以秋波送娇，又辗然瓠犀微露，使朱效之。凡数十作，始略得其仿佛。恒娘曰："子归矣，揽镜而娴习之，术无余矣。至于床笫之间，随机而动之，因所好而投之，此非可以言传者也。"

实践五：专宠

朱归，一如恒娘教。洪大悦，形神俱惑，惟恐见拒。日将暮，则相对调笑，跬步不离闺阃，日以为常，竟不能推之使去。

大功告成：妻妾易位

朱益善遇宝带，每房中之宴，辄呼与共榻坐；而洪视宝带益丑，不终席，遣去之。朱赚夫入宝带房，扃闭之，洪终夜无所沾染。于是宝带恨洪，对人辄怨谤。洪益厌怒之，渐施鞭楚。宝带忿，不自修，拖敝垢履，头类蓬葆，更不复可言人矣。

古人一夫多妻，妻妾争宠是许多深宅大院内没有硝烟却异常惨烈的战争。为了能博得男人的专宠，女人们费尽了心机。故事中，朱氏年轻貌美，且是嫡妻，但是因为没有手段，在与小妾的竞争中落了下风，遭到了原本恩爱的丈夫的嫌弃。在认识了狐女恒娘之后，她主动交好，把她当作闺密，推心置腹，虚心求教。善良的恒娘不负重托，对其精心指点、倾囊相授。整个过程中，环节设计之巧妙、时机控制之精确、心理把握之精准，欲擒故纵、欲迎还拒，真可谓环环相扣、步步为营，实在令人叹为观止。恒娘堪称一位谋略家，一位深谙世情、洞察人性的智慧女神。最终她教会了朱氏"狐媚"之术，朱氏重新受到丈夫的重视，小妾宝带失宠。在那个时代，女人要想尽办法争风吃醋，男人却坐收渔利。这个故事读起来有些苦涩，却是狐女对一份友谊和信任的回报，发人深省。

（2）怨（人、狐对立类）

第 5 章狐祟中对人狐之"怨"我们已经进行了一些分析，人与狐之间产生怨与恨往往是人类的过失引起的。下面我们再详细分析一篇文本。

《卷二·九山王》："曹州李姓者，邑诸生。家素饶，而居宅故不甚广；舍后有园数亩，荒置之。""一日，有叟来税屋，出直百金"，一座荒废的园子，狐叟出百金租下，还热情地邀请他去家里做客，可是狠毒的李生发现他们是狐狸之后，心生杀机，用火药谋害了毫无恶意的狐叟全家。

席终而归，阴怀杀心。每入市，市硝硫，积数百斤，暗布园中殆满。骤火之，焰亘霄汉，如黑灵芝，燔臭灰眯不可近，但闻鸣嗁嗥动之声，嘈杂聒耳。既熄入视，则死狐满地，焦头烂额者，不可胜计。

恰好狐叟外出，躲过一劫，回来后，看到现场的惨状，他愤怒地责骂李生："夙无嫌怨；荒园报岁百金，非少；何忍遂相族灭？此奇惨之仇，无不报者！"此后多年都没有什么动静，李生以为一切都已过去，可以安枕无忧。但身负血海深仇的狐叟只是在等待时机，终于机会来了。

时顺治初年，山中群盗窃发，啸聚万余人，官莫能捕。生以家口多，日忧离乱。适村中来一星者，自号"南山翁"，言人休咎，了若目睹，名大噪。李召至家，求推甲子。

适逢乱世，人人自危，求仙问卜更加盛行。但这位自称"南山翁"的老者不是神仙也不是江湖术士，而是伺机复仇的狐叟，卜算出名是为了引起李生的注意，好接近他。

翁愕然起敬，曰："此真主也！"李闻大骇，以为妄。翁正容固言之。李疑信半焉，乃曰："岂有白手受命而帝者乎？"翁谓："不然。自古帝王，类多起于匹夫，谁是生而天子者？"生惑之，前席而请。翁毅然以"卧龙"自任。请先备甲胄数千具、弓弩数千事。李虑人莫之归。翁曰："臣请为大王连诸山，深相结。使哗言者谓大王真天子，山中士卒，宜必响应。"

博得李生的信任之后，狐叟开始执行他的复仇计划，引诱他造反，自立为王，并且在早期帮他筹谋划策、亲力亲为，取得了重大的胜利。

李喜，遣翁行。发藏镪，造甲胄。翁数日始还，曰："借大王威福，加臣三寸舌，诸山莫不愿执鞭䩛，从戏下。"浃旬之间，果归命者数千人。于是拜翁为军师；建大纛，设彩帜若林；据山立栅，声势震动。邑令率兵来讨，翁指挥群寇，大破之。令惧，告急于兖。兖兵远涉而至，翁又伏寇进击，兵大溃，将士杀伤者甚众。势益震，党以万计，因自立为"九山王"。翁患马少，会都中解马赴江南，遣一旅要路篡取之，由是"九山王"之名大噪，加翁为"护国大将军"。

被权力和贪欲冲昏头脑的李生真的以为黄袍加身、荣登帝位指日可待，岂不知树大招风，狐叟极力帮助他壮大队伍的目的是要引起朝廷的重视和忌惮，加派人马围剿，并加重他造反的罪名。

东抚以失马故，方将进剿；又得究报，乃发精兵数千，与六道合围而进。军旅旌旗，弥满山谷。"九山王"大惧，召翁谋之，则不知所往。"九山王"窘急无术，登山而望曰："今而知朝廷之势大矣！"山破，被擒，妻孥戮之。

紧要关头，当日极力帮助他、辅佐他、为他图谋大业的军师不见了踪影，乌合之众哪里禁得起朝廷大军的进攻。李生被活捉，株连九族，此时他才明白过来"始悟翁即老狐，盖以族灭报李也"。

2. 新型关系的建立

恩怨了结的过程，是过往关系的终结，也是新型关系建立与发展的过程。随着人、狐的交往，恩怨的展开，二者的关系也呈现了动态的发展和变化。有情深义重、彼此成就、相得益彰的，也有恩义渐消、怨忿日增的，于是，情侣变怨偶，友朋成仇敌。而在这些关系中，起主导作用的依然是人类，人的忘恩负义、自私狭隘，导致了狐的愤恨不满、反目成仇。

（1）和谐发展

人给予狐充分的信任，与狐之间建立良好的互动，收获甜蜜的爱情，如前文分析的《卷五·鸦头》《卷五·狐梦》《卷五·荷花三娘子》等。下面我们再举一则人狐友爱的例子。

《卷五·封三娘》，官宦之女范十一娘在庙会上认识了狐女封三娘，二人互相倾慕，"把臂欢笑，词致温婉，于是大相爱悦，依恋不舍"。临别时，二人互赠信物，相约再会。但是久久等不到三娘的音讯，十一娘思念成疾：

时值重九，十一娘羸顿无聊，倩侍儿强扶窥园，设褥东篱下。忽一女子攀垣来窥，觇之，则封女也。呼曰："接我以力？"侍儿从之，蓦然遂下。十一娘惊喜，顿起，曳坐褥间，责其负约，且问所来。答云："妾家去此尚远，时来舅家作耍。前言近村者，缘舅家耳。别后悬思颇苦，然贫贱者与贵人交，足未登门，先怀惭怍，恐为婢仆下眼觑，是以不果来。适经墙外过，闻女子语，便一攀望，冀是小姐，今果如愿。"

三娘突然来访，真是一个意外的惊喜，十一娘的病很快痊愈，二人"订为姊妹，衣服履舄，辄互易着"。二人情同姐妹、同榻共眠，一起生活了五六个月。再次重逢时三娘约十一娘再去逛庙会，实则是为她准备了一桩好姻缘。"旧年邂逅处，今复作道场，明日再烦一往，当令见一如意郎君。妾少读相人书，颇不参差。"十一娘如约而至。

携手出门，见一秀才，年可十七八，布袍不饰，而容仪俊伟。封潜指曰："此翰苑才也。"十一娘略睨之。封别曰："娘子先归，我即继至。"入暮，果至，曰："我适物色甚详，其人即同里孟安仁也。"十一娘知其贫，不以为可。封曰："娘子何堕世情哉！此人苟长贫贱者，予当抉眸子，不复相天下士矣。"

见十一娘犹豫不决，三娘自告奋勇，主动上门为十一娘做媒，并将十一娘当初给她的金钗作为信物赠给了孟生。孟生在三娘的鼓励下，托媒人去范府求亲，但遭到十一娘父母的坚决反对。为了防止夜长梦多，他们很快为女儿安排了一门婚事，并逼她出嫁。此时十一娘听从狐女三娘的安排，以死对抗父母的独断专行。转机却在她自杀之后发生了。

孟生自邻媪反命，愤恨欲绝。然遥遥探访，妄冀复挽。察知佳人有主，忿火中烧，万虑俱断矣。未几，闻玉葬香埋，憬然悲丧，恨不从丽人俱死。向晚出门，意将乘昏夜一哭十一娘之墓。欻有一人来，近之，则封三娘。向生曰："喜姻好可就矣。"生泫然曰："卿不知十一娘亡耶？"封曰："我所谓就者，正以其亡。可急唤家人发冢，我有异药，能令苏。"生从之，发墓破棺，复掩其穴。生自负尸，与三娘俱归，置榻；投以药，逾时而苏。顾见三娘，问："此何所？"封指生曰："此孟安仁也。"因告以故，始知梦醒。

在三娘的帮助下，十一娘与孟生有情人终成眷属，而且后来孟生也如三娘所料，科举夺魁，飞黄腾达。"逾年，生乡、会果捷，官翰林。"

在这个故事中，人与狐之间建立了深厚的友谊和充分的信任，甚至可以生死相托。有个别研究者认为三娘和十一娘之间有同性恋的嫌疑，但笔者认为，同性间的倾慕、相知、互助也比较常见，尤其是非常年轻的女孩们，她们特别要好时，互相交换服饰钗环，日夜腻在一起，诉说最私密的悄悄话，那种亲密无间不亚于热恋中的情侣。另外，从心理分析的角度来看，十一娘出身高贵、容貌美丽、才华出众，在婚嫁方面却没有自己独立的判断。她拒绝了很多追求者，却不清楚什么样的男子适合自己。三娘敏锐地捕捉到了她内心的矛盾和冲突，帮她物色了一个对象——一个家境贫寒却很有才华的年轻书生。这是一个狐女帮助一位大家闺秀将其无意识意识化，沟通自我与自性，实现个人成长的故事，也是一个婚恋自由与父母做主的新旧价值观相冲突，最终前者获胜的故事。封三娘是女孩的智慧老人，是一位爱的启蒙者和引领者。她的"异药"则是实现这种联结和转化，获得新生的途径、方法，即开悟之"道"。[①]

（2）反目成仇

人与狐一开始相亲相爱，后来反目成仇的也并不罕见，如《卷五·武孝廉》《卷八·丑狐》《卷十二·浙东生》。下面我们重点分析《卷八·丑狐》。

穆生，长沙人，家清贫，冬无絮衣。一夕枯坐，有女子入，衣服炫

---

① 周彩虹，吴和鸣，张道华．论狐狸精的"药丸"——《聊斋志异》中的心身疾病研究[J]．明清小说研究，2019(03):93-112.

丽而颜色黑丑，笑曰："得毋寒乎？"生惊问之，曰："我狐仙也。怜君枯寂，聊与共温冷榻耳。"生惧其狐，而厌其丑，大号。女以元宝置几上，曰："若相谐好，以此相赠。"生悦而从之。床无裀褥，女代以袍。将晓，起而嘱曰："所赠，可急市软帛作卧具；余者絮衣作馔，足矣。倘得永好，勿忧贫也。"遂去。

穆生家中一贫如洗，狐女来访，虽然容貌丑陋，但穆生贪图她的钱财，与她相好，也得到了他的妻子的认可。

生告妻，妻亦喜，即市帛为之缝纫。女夜至，见卧具一新，喜曰："君家娘子劬劳哉！"留金以酬之。从此至无虚夕。每去，必有所遗。

因为狐女的接济，穆生家里生活条件大有改善，"年余，屋庐修洁，内外皆衣文锦绣，居然素封。女赂贻渐少，生由此心厌之，聘术士至，画符于门"。但生活富裕起来之后，穆生却心生歹念，嫌弃狐女，找术士捉拿她。她与术士斗法的过程极具喜剧色彩。

女啮折而弃之，入指生曰："背德负心，至君已极！然此奈何我！若相厌薄，我自去耳。但情义既绝，受于我者须要偿也！"忿然而去。生惧，告术士。术士作坛，陈设未已，忽颠地下，血流满颊；视之，割去一耳。众大惧，奔散；术士亦掩耳窜去。

书生理亏，聘请术士也全然无效，术士一败涂地，受伤而逃。至此狐女并没有罢休，继续惩罚这个忘恩负义之徒。

室中掷石如盆，门窗釜甑，无复全者。生伏床下，蓄缩汗耸。俄见女抱一物入，猫首猧尾，置床前，嗾之曰："嘻嘻！可嚼奸人足。"物即龁履，齿利于刃。生大惧，将藏之，四肢不能动。物嚼指，爽脆有声。生痛极，哀祝，女曰："所有金珠，尽出勿隐。"生应之。女曰："呵呵！"物乃止。生不能起，但告以处。女自往搜括，珠钿衣服之外，止得二百余金。女少之，又曰："嘻嘻！"物复嚼。生哀鸣求恕。女限十日，偿金六百，生诺之，女乃抱物去。

啮噬书生的猫儿发出的"嘻嘻""呵呵"的声音，颇似人们看到坏人受到应有的惩罚时脱口而出的叫好声。作者如此描述这段场景或许正有此意。书生后来将所占财物还给了狐女，二人的恩怨也就此了断。

6.1.3　与阴影对话：个体的成长与自性化

在与狐的动态关系中，书生、官吏、老翁、少女或儿童等，可以看出这些主人公的性格和人生轨迹或多或少都发生了一些变化。有的找到了人生的方向，不畏艰难、努力奋斗，最终考取了功名，事业有成或觅得佳偶，钱粮满仓、生活幸福，实现了自己追求的梦想；也有抱残守缺、固步自封或自私狭隘、心术不正的人，最终重归窘境或自食恶果。

1. 觉悟

主人公在与狐持续交往、共同经历风雨之后，逐渐理解狐、接纳狐，并开始自我省察，实现了自我的成长。如：

《卷二·莲香》，桑生在又一次重病时，意识到害得自己病入膏肓的是女鬼李氏，而豁达善良的狐女莲香是真心对自己好，他追悔莫及。

生羸卧空斋，思莲香如望岁。一日，方凝想间，忽有搴帘入者，则莲香也。临榻哂曰："田舍郎，我岂妄哉！"生哽咽良久，自言知罪，但求拯救。

虽然莲香揶揄他，但还是拿出她辛苦了三个月准备好的药为他治病。莲香两次治好了桑生的病，并对李氏极为爱惜和宽容。此后，他开始十分信任和依赖莲香。当李氏借尸还魂，他准备迎娶李氏，回家和莲香商量，征求她的意见。

生归告莲香，且商所处。莲怅然良久，便欲别去。生大骇泣下。莲曰："君行花烛于人家，妾从而往，亦何形颜？"生谋先与旋里，而后迎燕，莲乃从之。

可以看出，在共同经历了许多挫折之后，桑生由当初对莲香的猜疑、不信任到完全认可和接纳莲香，二人已经成了命运的共同体，所有的事情都可以通过协商解决。在这个过程中，莲香对桑生和李氏都起到了启蒙的作用，她以实际行动告诉他们宽容和成全对方远比排斥和占有更加难得和可贵，让他们懂得了什么是真爱。随着故事情节的发展和人物性格的成长，狐女莲香具有了智慧女神和神圣母亲的意义。

《卷三·胡氏》，几番"交战"双方都筋疲力尽，到底是什么原因惹怒胡生，让他发起"战争"呢？主人莫名其妙。

一日，胡生率众至。主人身出，胡望见，避于众中。主人呼之，不得已，乃出。主人曰："仆自谓无失礼于先生，何故兴戎？"群狐欲射，胡止之。主入近握其手，邀入故斋，置酒相款。

胡生与主人原本宾主相得，相处融洽，只是因为主人嫌弃自己是"异族"（狐族），拒绝将女儿嫁给他，自尊心受挫才大动肝火，发动"人狐大战"。明白了事情的原委，主人便坦诚相告，请求对方体谅自己的顾虑。

从容曰："先生达人，当相见谅。以我情好，宁不乐附婚姻？但先生车马、宫室，多不与人同，弱女相从，即先生当知其不可。且谚云：'瓜果之生摘者，不适于口。'先生何取焉？"胡大惭。

胡生接受了主人的解释，主人随即提出了一个解决问题的方案，算是对伤害对方自尊的补偿。

主人曰："无伤，旧好故在。如不以尘浊见弃，在门墙之幼子，年十五矣，愿得坦腹床下。不知有相若者吾？"胡喜曰："仆有弱妹，少公子一岁，颇不陋劣。以奉箕帚，如何？"主入起拜，胡答拜。于是酬酢甚欢，前隙俱忘，命罗酒浆，遍犒从者，上下欢慰。乃详问居里，将以奠雁。胡辞之。日暮继烛，醺醉乃去。由是遂安。

后来很长时间胡生没有再出现，有人质疑狐约妄，但主人坚持信守对对方的承诺，果然等来了讯息。

年余，胡不至。或疑其约妄，而主人坚持之。又半年，胡忽至。既道温凉已，乃曰："妹子长成矣。请卜良辰，遣事翁姑。"主人喜，即同定期而去。

故事里，在人狐交往的过程中，作为"巨家"的主人，有过因自身高贵身份的傲慢和对异族的歧视，但他也进行了自我反省，理解了狐的要求，并主动提出和解的方案，让人狐对话最终以谅解和接纳（通婚）的形式圆满终结。这是一个人和阴影完成对话，实现人格整合和自性化的很好的例子。

《卷八·丑狐》，穆生被丑狐惩戒之后，行为举止收敛许多，狐女对他也比较客气：

生足创，医药半年始愈，而家清贫如初矣。狐适近村于氏。于业农，家不中赀；三年间援例纳粟，夏屋连蔓，所衣华服，半生家物。生见之，亦不敢问。偶适野，遇女于途，长跪道左。女无言，但以素巾裹五六金，遥掷之，反身径去。

穆生对狐女可能更多的是惧怕而不是真心悔过。但羞耻和敬畏未必不是成长的开始。

2. 执迷

也有固执己见不肯与狐对话，或要求从狐那里获得不正当的利益遭到拒绝，从而继续执迷不悟的人。如《卷七·沂水秀才》：

沂水某秀才，课业山中。夜有二美人入，含笑不言，各以长袖拂榻，相将坐，衣采无声。

穷秀才遇到了两位美人，相对而坐，会发生浪漫的爱情故事吗？

少间，一美人起，以白绫巾展几上，上有草书三四行，亦未尝审其何词。一美人置白金一铤，可三四两许；秀才掇内袖中。美人取巾，握手笑出，曰："俗不可耐！"秀才扪金，则乌有矣。

读书人对身边的美女和白绫上的诗文都不感兴趣，却将银子纳入袖中，品位之低俗可想而知，难怪被狐女嘲笑，也被作者嘲讽。

丽人在坐，投以芳泽，置不顾；而金是取，是乞儿相也，尚可耐哉！狐子可儿，雅态可想。

紧接着作者用一大段文字描述当时社会中存在的一些恶习。

友人言此，并思不可耐事，附志之：对酸俗客。市井人作文语。富贵态状。秀才装名士。旁观诮态。信口谎言不倦。揩坐苦让上下。歪诗文强人观听。财奴哭穷。醉人歪缠。作满洲调。体气苦逼人语。市井恶谑。任憨儿登筵抓肴果。假人余威装模样。歪科甲谈诗文。语次频称贵戚。

作者是借某生的故事批评当时社会上的不正之风，从中可以看出，当时的人们表里不一，人格分裂的现象不在少数。

这一类故事还有，如《卷四·雨钱》，"滨州一秀才，读书斋中。有款门者，启视，则皤然一翁，形貌甚古"。秀才和狐叟原本相处非常融洽，但书生心生贪念，要求狐为其作法"雨钱"，引起狐叟的反感，捉弄他之后，拂袖而去。

《卷九·绩女》，"绍兴有寡媪夜绩，忽一少女推扉入，笑曰：'老姥无乃劳乎？'视之，年十八九，仪容秀美，袍服炫丽"。"怜媪独居，故来相伴。""媪勿惧，妾之孤，亦犹媪也。我爱媪洁，故相就。两免岑寂，固不佳耶？""女竟升床代绩。曰：'媪无忧，此等生活，妾优为之，定不以口腹相累。'"狐女帮助贫穷孤独的老太太织布，她的美貌吸引了很多人前来观看，老太婆却贪心不足，借机大发横财。更为过分的是她收下了一个书生的巨款，要求狐女与书生见面，书生在见了狐女之后做了两首艳情诗，引起狐女的强烈不满。

女览题不悦，谓媪曰："我言缘分已尽，今不妄矣。"媪伏地请罪。女曰："罪不尽在汝。我偶堕情障，以色身示人，遂被淫词污亵，此皆自取，于汝何尤。若不速迁，恐陷身情窟，转劫难出矣。"遂幌被出。媪追挽之，转瞬已失。

狐女自责不该"以色身示人"，人却欲壑难填，没有底线，辜负了狐的信任。小说中并没有交代狐女的来龙去脉，按照故事里的内容，这里的"情障"一方面是指狐女对与自己境遇相似——孤身一人、靠织布为生的老妪心生怜悯，所以主动相伴，并帮助其改善生活；另一方面也是指她出色的织工和倾城的美貌招来了很多人的艳羡，尤其是轻薄书生的非分之想。有可能发生了一些事情，让狐女流落人间，她以悲悯之心入世，没想到人性如此低俗、龌龊，如果还不离开，她将被这些贪婪的人们吞没，万劫不复。

6.2　相遇的结局

缘分总会穷尽，恩怨终会了结。大千世界，人与狐不过是对方的过客。人与狐的关系可能是在缘尽恩了之后的自然终结，也可能因为种种原因被迫中止，这将可能成为来世相遇、下一代恩怨的"宿因""夙分"。人与狐的相遇就这样持续轮回，人对自身的认知和对未来的期望也就继续酝酿。

6.2.1　曲终人散：完成任务

1. 大团圆

人与狐的故事取得了圆满的结果，或结婚生子、升官发达，或言归于好、亲如一家，总之是皆大欢喜。如第 6 章人狐之恋中的《卷一·娇娜》《卷一·青凤》《卷二·婴宁》《卷二·莲香》《卷二·巧娘》《卷二·红玉》等。下面我们再举几例，看看我们在本章第 1

节中谈到的《卷三·胡氏》《卷六·刘亮采》等。

> 至夜，果有舆马送新妇至，奁妆丰盛，设室中几满。新妇见姑嫜，温丽异常。主人大喜。胡生与一弟来送女，谈吐俱风雅，又善饮。天明乃去。新妇且能预知年岁丰凶，故谋生之计，皆取则焉。胡生兄弟以及胡媪，时来望女，人人皆见之。（《卷三·胡氏》）

主人的儿子娶了胡氏的妹妹，人与狐的关系经由最初的宾主相得、因误解发生对峙、互相体谅达成和解，直至最后结为亲家互相交融，至此，人与狐的对话画上了完满的句号。

刘亮采知道了狐的真实身份之后，不仅不嫌弃，反而更加信任他，"刘亦不疑，更相契重。即叙年齿，胡作兄，往来如昆季。有小休咎，亦以告"。狐也给予了他丰厚的回报。

> 时刘乏嗣，叟忽云："公勿忧，我当为君后。"刘讶其言怪，胡曰："仆算数已尽，投生有期矣。与其他适，何如生故人家？"刘曰："仙寿万年，何遽及此？"叟摇首曰："非汝所知。"遂去。夜果梦叟来，曰："我今至矣。"既醒，夫人生男，是为刘公。（《卷六·刘亮采》）

刘氏不仅有了后代，狐转世托生的这个孩子还异常聪明，考上了进士，人缘也极好，刘家从此门庭若市，成为名门望族，以前人丁凋零、凄清寂寞的境况一去不返。

> 公既长，身短，言词敏谐，绝类胡。少有才名，壬辰成进士。为人任侠，急人之急，以故秦、楚、燕、赵之客，趾踏于门；货酒卖饼者，门前成市焉。（《卷六·刘亮采》）

其他又如《卷六·周三》，张太华对胡二爷推荐的周三十分信任，周三果然不负所托，帮他驱除了作祟的狐狸，此后人与狐同居一个屋檐下，彼此礼让，相得益彰："又视所除舍，则周危坐其中，拱手笑曰：'蒙重托，妖类已荡灭矣。'自是馆于其家，相见如主客焉。"

《卷十·真生》，贾子龙因一时贪念，滥用狐友真生的点金石，导致真生被上天责罚，但他得金后主动做慈善，得到狐的谅解，人狐之间的关系欢洽如初。

> 贾得金，且施且贾，不三年施数已满。真忽至，握手曰："君信义人也！别后被福神奏帝，削去仙籍；蒙君博施，今幸以功德消罪。愿勉之，勿替也。"贾问真："系天上何曹？"曰："我乃有道之狐耳。出身蓁微，不堪尊累，故生平自爱，一毫不敢妄作。"贾为设酒，遂与欢饮如初。贾至九十馀，狐犹时至其家。

一起成仙，如前文分析过的《卷二·胡四姐》《卷十二·褚遂良》。

2. 辞别

在一个阶段的任务已经完成，为了不打扰人类的正常生活，狐主动辞别。如前文我们分析过的《卷一·王成》《卷二·汾州狐》《卷四·狐谐》等。下面再举几例。《卷一·灵官》："'今来相别，兼以致嘱：君亦宜隐身他去，大劫将来，此非福地也。'言已，辞去。"狐在告知好友要及时躲避灾难后辞别。《卷十·恒娘》："积数年，忽谓朱曰：'我两人情若一体，自当不昧生平。向欲言而恐疑之也；行相别，敢以实告：妾乃狐也。幼遭继母之变，鬻妾都中。良人遇我厚，故不忍遽绝，恋恋以至于今。明日老父尸解，妾往省觐，不复还矣。'朱把手唏嘘。早旦往视，则举家惶骇，恒娘已杳。"恒娘走时，朱氏已经重新赢得丈夫的宠爱，在家庭中的地位也已十分稳固。

或者人类去世之后，一些狐也从此消失。如《卷二·酒友》："日稔密，呼生妻以嫂，视子犹子焉。后生卒，狐遂不复来。"《卷九·小梅》："黄去，女盘查就绪，托儿于妾，乃具馔为夫祭扫，半日不返。视之，则杯馔犹陈，而人杳矣。"。又如前文分析的《卷三·狐妾》《卷八·丑狐》等。

有的辞别是为了让主人公学会自立，能够独自面对生活中的各种困难。为了完成主人公后续的成长，狐做了诸多的安排，可谓苦心孤诣，如《卷七·小翠》，小翠圆满完成了回报王家救母之恩的使命，她与王元丰的五年夫妻之缘也已满。于是，她先自损容貌，又极力说服王元丰另娶。

公子然之，纳币于钟太史之家。吉期将近，女为新人制衣履，赉送母所。及新人入门，则言貌举止，与小翠无毫发之异。大奇之。往至园亭，则女亦不知所在。问婢，婢出红巾曰："娘子暂归宁，留此贻公子。"展巾，则结玉玦一枚，心知其不返，遂携婢俱归。虽顷刻不忘小翠，幸而对新人如觏旧好焉。始悟钟氏之姻，女预知之，故先化其貌，以慰他日之思云。

小翠的不辞而别固然令王元丰十分难过，但面对与小翠长得一模一样的新人，不仅相思之苦可解大半，念及小翠对他的期望，他也会尽力做个好丈夫、好儿子，安排好自己的人生吧。

《卷九·张鸿渐》，狐女舜华又一次在紧急关头救了张鸿渐，但人生的路还是要靠他自己走，应该经历的磨难还是要去面对，在脱离危险之后，舜华把他赶下了马："少时，促下，曰：'君止此。妾与妹有青海之约，又为君逗留一晌，久劳盼注矣。'张问：'后会何时？'女不答，再问之，推堕马下而去。"张鸿渐在许孝廉家坐了一个月的馆之后，竟然遇到他同样也高中孝廉的儿子，父子相认，一家团圆。

3. 死亡

这里的死亡指的是狐的死亡，通常出现的狐祟故事中，人与狐经过激烈的斗争，将狐处死。如：

万村石氏之妇，祟于狐，患之，而不能遣。扉后有瓶，每闻妇翁来，狐辄遁匿其中。妇窥之熟，暗计而不言。一日，窜入。妇急以絮塞瓶口，置釜中，燀汤而沸之。瓶热，狐呼曰："热甚！勿恶作剧。"妇不语。号益急，久之无声。拔塞而验之，毛一堆，血数点而已。（《卷一·狐入瓶》）

至夜，母竟安寝，不复奔。心知有异，告父同往验之，则两狐毙于亭上，一狐死于草中，喙津津尚有血出。酒瓶犹在，持而摇之，未尽也。(《卷一·贾儿》)

女忽叹曰："君福泽良厚。我误害遐思而奔子，诚我之过。我将与彼就质于冥曹。君如不忘凤好，勿坏我皮囊也。"逡巡下榻，仆地而死。烛之，狐也。犹恐其活，遽呼家人，剥其革而悬焉。(《卷二·董生》)

女眉竖颊红，默不一语，急翻上衣，露一革囊，应手而出，而尺许晶莹匕首也。少年见之，骇而却走。追出户外，四顾渺然。女以匕首望空抛掷，戛然有声，灿若长虹，俄一物堕地作响。生急烛之，则一白狐，身首异处矣。大骇。女曰："此君之娈童也。我固恕之，奈渠定不欲生何！"收刃入囊。(《卷二·侠女》)

狐辗转营脱，苦不得去。移时无声，视之，现狐形而毙矣。(《卷三·伏狐》)

俄而尺许小人连遝而出，至不可数。众噪起，并击之。杖杖皆火，瞬息四散。(《卷三·小髻》)

人与狐的相遇，原本是一次人类自我反省、自我整合的机遇，处死狐，将阴影重新赶回无意识，看似是狐和阴影的失败，其实何尝不是人类的自欺欺人和自我否定呢？

6.2.2　余情未了：未完成的任务

因为各种因素的介入，在 82 篇狐小说中，人与狐的关系有时会被迫中止。因此，人与狐的恩怨和纠葛并不是随着故事的结束全部走向终结，在那些狐不辞而别、愤然离去、死里逃生、转世为人等结局的故事中，人与狐的故事还将继续上演。

1. 不辞而别

《卷七·甄后》，刘仲堪在甄后的安排下，娶了已经修炼成仙的铜雀台故妓司香，被他母亲怀疑是妖。

母阴觅术士来，作法于庭。方规地为坛，女惨然曰："本期白首，今老母见疑，分义绝矣。要我去，亦复非难，但恐非禁咒可遣耳！"乃束薪爇火，抛阶下。瞬息烟蔽房屋，对面相失。忽有声震如雷。已而烟灭，见术士七窍流血死矣。入室，女已渺。

术士死了，司香也不见了，想要找之前帮他送信的老妪问个究竟，"呼妪问之，妪亦不知所去。刘始告母。妪盖狐也"。离去的仙女和消失的狐妪会不会在刘生的来世或后代的生活中再现？

又如《卷十一·狐女》，"既而告别。伊苦留之，乃止。曰：'被人厌弃，已拚永绝；今又不能自坚矣。'及醒，狐女不知何时已去"。狐女在离乱中收留了伊衮一夜之后就消失了，在下一次主人公遭遇困境的时候，她会不会再次出现呢？

2. 成仙

又逾月，女暴疾，绝饮食，赢卧闺闼。生侍汤药，如奉父母。巫医无灵，竟以溘逝。（《卷四·辛十四娘》）

辛十四娘以死亡的方式与冯生告别，实则是已经修炼成仙。

后苍头至太华，遇十四娘，乘青骡，婢子跨蹇以从，问："冯郎安否？"且言："致意主人，我已名列仙籍矣。"言讫，不见。（《卷四·辛十四娘》）

她能再现身请仆人代为问候冯生，终究是尘缘未尽。

3. 转世为人

狐转世为人与人类持续保持关系。如：

女忽如梦醒，豁然曰："咦！"熟视燕儿。生笑曰："此'似曾相识燕归来'也。"女泫然曰："是矣。闻母言，妾生时便能言，以为

不祥，犬血饮之，遂昧宿因。今日始如梦寤。娘子其耻于为鬼之李妹耶？"共话前生，悲喜交至。(《卷二·莲香》)

时刘乏嗣，叟忽云："公勿忧，我当为君后。"刘讶其言怪，胡曰："仆算数已尽，投生有期矣。与其他适，何如生故人家？"刘曰："仙寿万年，何遽及此？"叟摇首曰："非汝所知。"遂去。夜果梦叟来，曰："我今至矣。"既醒，夫人生男，是为刘公。公既长，身短，言词敏谐，绝类胡。(《卷六·刘亮采》)

4. 被捉

狐被术士或神仙捉住，带走。如：

闻海石笑，遂伏，不敢少动。提耳捉出，视尾上白毛一茎，硬如针。方将检拔，而豕转侧哀鸣，不听拔。海石曰："汝造孽既多，拔一毛犹不肯耶？"执而拔之，随手复化为狸。(《卷三·刘海石》)

遍搜之，见刍偶在厩梁上。李取投火中。乃出一酒瓿，三咒三叱，鸡起径去。闻瓿口作人言曰："岳四狠哉！数年后，当复来。"岳乞付之汤火；李不可，携去。(《卷六·胡大姑》)

少间，有黑面将军获一狐至，牵之而去，其怪遂绝。(第一次被神仙抓走)、俄顷，见金甲神降于其家。狐方在室，颜猝变，现形如犬，绕屋嗥窜。旋出自投阶下。神言："前帝不忍诛，今再犯，不赦矣！"絷系马颈而去。(第二次被神仙抓走)(《卷十·牛同人》)

5. 逃走

狐狸在与人类对峙、斗争的过程中处于下风，被赶走或逃走。如：

翁恐其脱，命夫人急杀之。比回首，则带在手如环然，物已渺矣。(《卷一·捉狐》)

俄见白块四五团，滚滚如球附檐际而行，次第追逐，顷刻俱去。由是遂安。(《卷一·焦螟》)

狐惊痛，啼声吱然，如鹰脱鞲，穿窗而去。某犹望窗外作狎昵声，

哀唤之。冀其复回，而已寂然矣。(《卷三·伏狐》)

农人益作威怒。狐即哀告乞命，农人叱曰："速去，释汝。"女见狐捧头鼠窜而去。自是遂安。(《卷五·农人》)

被捉和逃走的狐可能会再回来，继续与人类为敌或为友。

6.3　小结

本章分为"执迷与觉悟"和"相遇的结局"两个部分，分别从"从现实到历史""从恩怨到关系""与阴影对话"，以及"曲终人散"和"余情未了"等层层递进的角度考察了人狐相遇故事中的深层逻辑和故事结构。在整个相遇的过程中，在与狐的互动和对话中，人在成长，人的自性化在发展，人与狐的相遇、相恋或相怨之路正是人的自我整合之路，而故事的不同结局则是整合成功或失败以及人格发展程度的彰显。

此外，狐小说中，不管结局怎样，人与狐之间的故事总是会经历各种曲折和坎坷，这也正说明了人的成长和整合之路不可能一帆风顺。但自性化或者说成为"一个完整的人"是人自从出生就朝向的目标和方向，经过努力和反思，人会觉悟，会认识自己的阴影，让自己的人格趋向完整与和谐，如同荣格在《分析心理学中的善美与邪恶》中所说的："让一个人遭遇他的阴影就是向他展示他的光明。一旦个人经历过几次公正地站在对立面之间，他就将开始明白自性的意义。任何一个同时意识到自己的阴影和光明的人，会从两个方面看自己并最终达到中庸。"①

---

① 荣格.情结与阴影[M].长春：长春出版社,2014:121.

总　　结

　　道格拉斯认为，边缘或跨越界限的动物或神灵，在维持社会道德秩序方面非常重要。在既定的社会中，那些边缘的或模棱两可的人或物，往往被认为是肮脏的、不洁的、有力量的，或对社会结构产生危险的。① 人们具有"对刻板的向往"，渴望"明确的区隔和清晰的概念"。因此，社会文化环境奠基于并推动对世界的具体象征分类。这就带来一个副产品，那就是"肮脏"，也就是对分类的违反。当用肮脏来表达一种威胁时，它就被视为有力量的。这些仪式代表了人们在日常生活中尝试突破社会秩序和控制的一种冒险。② 这种"对刻板的向往"和"尝试突破社会秩序的冒险"用分析心理学进行解释则是人格面具与阴影之间的角逐与较量。

　　狐狸本身的自然特点，已经让人们对狐狸的边缘性有所觉察。狐狸不像普通的家禽家畜，已经被人驯服，也不像高山野岭的凶猛野兽，远离人们的居所，狐狸就这样介于家禽家畜和凶猛野兽之间，与人类若即若离，保持着忽远忽远的距离，时不时还闯入人类的生活骚扰一番，然后又悄悄躲藏起来，让人类既不能驯服又不得不应对。狐狸身上被赋予的神性、妖性使得它集善与恶、美与丑、光明与黑暗、正义与邪恶等诸多对立的因子于一体。唐以后狐狸故事的世情化，明清以来狐狸形象的审美化又让狐承载了人们现实生活中的诸多恩怨情仇、

---

　　① 　玛丽·道格拉斯. 洁净与危险 [M]. 黄剑波等，译. 北京：民族出版社，2008：119.

　　② 　奈杰尔·拉波特，乔安娜·奥弗林. 社会文化人类学的关键概念 [M]. 鲍雯妍，等，译. 北京：华夏出版社，2009：198.

喜怒哀乐和对理想生活的期待与向往。狐狸精与人的关系在某种程度上可以映照出人的阴影与人格面具之间的关系。

通过对《聊斋志异》中82篇狐狸精小说的分析，我们发现人狐相遇的总体结构大致如下：人与狐（处于某种特定的状态下）——偶然相遇——发生交集——展开关系——了结恩怨。相遇的动力是恩或怨，即前世的恩惠或今生的仇怨，这一对立项存在于人狐故事的整个过程中。人狐相恋，人狐为友，人狐敌对；作祟与捉狐，认识与遮蔽，亲密与破坏，一切都围绕恩怨展开，对峙和对话同时进行。随着故事的发展和关系的推进，人与狐之间的关系也呈现了微妙的变化，前世的恩可能会被消耗如《小翠》，今生的怨也会逐渐消弭如《丑狐》。而这一切取决于人，取决于人对自身的认知和对狐的理解与接纳，取决于人狐对话的效度与深度。如果人类能够放下自己的固执、成见，撇开繁琐的世俗道德观念的约束，直面自己的内心，认可自己真实的需求，狐的作祟、狐的敌对便可自然消失，如《狐惩淫》《冷生》。人与狐和解，其实就是人与自己的阴影达成和解。人格面具与阴影达成一致，对立消失，自我发展，自性化实现，阴影回归原型的状态，狐祟自然也就不复存在。

《礼记·大学》开篇曰："大学之道，在明明德，在亲民，在止于至善。"明明德，前一个"明"作动词，有使动的意味，即"使彰明"，也就是发扬、弘扬的意思；后一个"明"作形容词，明德也就是光明正大的品德。亲民，即新民。这段话的意思是，大学的道理，在于彰显人人本有、自身所具的光明德性，再推己及人，使人人都能去除污染而自新，而且精益求精，做到最完善的地步并且保持不变。

明德至善作为《大学》的核心思想，意指追求光明正大的品德，使自身的境界达到至善至美，这是中国传统儒家追求的最高境界。每个人与生俱来就拥有光明正大的品德，只是随着人的社会化，为了适应社会获取更多的发展空间，为了获得外界的认可，人的人格面具过度膨胀，其他方面的需求遭到排斥和挤压，它们便以阴影的形式出现，与人格对峙，对人的精神和生活造成各种困扰，影响人的正常发展。明末清初，在蒲松龄生活的时代，普通的劳动者，尤其是以蒲松龄为代表的底层知识分子的生存境遇前所未有地恶化，各种社会思潮、社会变革因素出现，传统的道德规范受到挑战，在新与旧、传统与变革、科举与治生、理想与现实等方面，人们都面临着巨大的挑战与诸多的选择，人格面具与阴影的冲突与对峙前所未有地激烈。作为一介书生，蒲松龄经历着也思索这这些问题，他将这一切以文学的方式诉诸笔端，用狐鬼花妖的《聊斋志异》故事，用一篇篇狐狸精小说讲述着人与自己的阴影的故事，也通过故事中人与狐的交流、对话，实现了自己理想中的人格成长与自性化，实现自己对于儒家明德至善最高境界的追求。

本书在以下几个方面取得了一定的成就：

首先，首次以《聊斋志异》中的 82 篇狐小说文本对狐文化展开了系统的分析心理学的研究，这对于学术界已有的关于《聊斋志异》及其狐小说的小范围的、单篇的心理学研究是一种整合与突破。

其次，研究采用了结构主义、扎根理论及原型分析等方法和方法论，横跨文学和心理学两个领域，是在《聊斋志异》研究和分析心理学的本土研究中的一次期望有所突破的尝试。运用结构主义的方法使我们能更好地了解《聊斋志异》文本结构的多层次性和主题的深刻性，即《聊斋志异》以相遇为中心展开的自我认识与自我发展过程；运用扎根理论，呈现我们从文本中提炼出的《聊斋志异》中的人格面具、阴影等原型的基本特征，以及在相遇中层层递进的解蔽与敞开、从现实到历史、从恩怨到关系、从关系到自性化的过程；紧接着，运用原型分析对研究结果进行了深度的解读。

最后，本书综合运用以上几种研究方法，获得了自己的研究结论，首次提出狐狸精是阴影原型的观点。

《聊斋志异》这部经典文言短篇小说集，塑造了大量充满魅力并直抵人类心灵世界的狐狸精意象，对于一般的读者，对于专业的研究者——包括心理学研究人员，始终散发着强烈的诱惑，吸引着我们运用心理分析的方法、从深度心理学的视角对其进行解读，以对我国独特的狐文化有全新的理解，对我们的民族心理有深刻的洞察，对心理学本土化有更深入的思考，对心理治疗有更多的启发。囿于作者自身学识能力的局限和时间的关系，关于这一主题的探索远远没有完成，还有诸多今后要持续努力推进和完善的地方：

第一，在前期研究的基础上，将来应更多汲取有关阴影研究的最新成果，并结合我国传统思想，探讨狐狸精作为阴影原型在各个历史时期的文化与生活层面的意义，以展开更为深入系统的研究。

第二，狐狸精具有鲜明的性别特征，有待于从阿尼玛及阿尼姆斯原型的视角进行纵深研究。限于时间和篇幅的关系，本研究在这方面没有展开，这是一个遗憾，也是将来要努力的一个方向。

第三，小说的阅读与欣赏，某种程度上具有心理疗愈的功能，如何从《聊斋志异》的读者反应角度，探索阴影与自性化，以及对于心理治疗的启示，这也将是未来值得展开的研究方向。

第四，关于本书研究成果的实际应用价值需要持续探讨。如结合沙盘游戏、心理剧或绘画疗法，制作一系列相关的沙具、设置一些主题或结构性的沙盘，或者将其中的元素运用于心理剧、绘画治疗中，以帮助受到情感和婚恋问题困扰的来访者去觉察和思考。这些对于推进心理治疗方法的本土化，将具有重要的意义。

后　记

这本书是在我的博士论文《狐狸精之阴影原型研究》的基础上完成的，整体的思路、框架和内容都保持了原来的样貌，但经过了3年多的沉淀，也有了一些思考和完善。如，我在本书中明确提出了原型分析的方法，以区别文学研究中的原型批评。这一提法源自诺依曼的那本荣格学派的经典著作《大母神——原型分析》，该书以深度心理学的原型理论对人类文明史中世界各地众多的女性神话和考古资料进行了极具创建的分析和研究，是分析心理学中原型研究的经典范式。

不过正式考虑用这一提法，则得益于我在华南师范大学心理学院做博士后期间与同门访问学者郭芮彤女士的深入交流和探讨。当时她研究夸父，我研究西王母，我们都是由中文专业转攻心理学，因此在研究的思路和方法上有很多共鸣，也有相似的困惑。她比我更早接触分析心理学，许多看法都有见地，我从她那里获得了不少启发。我们深入探讨后产生了共识：原型批评属于文学研究，原型分析则是经典的心理学研究。不过由于研究对象是文学作品，本书中的原型分析大量借鉴了原型批评。另外，虽然本书提出了文学作品的原型分析，但在国内原型批评较为成熟，而囿于学科的壁垒，文学作品专业的心理学研究则很少，因此，还需要时间、实践去丰富和修正。

我能够从文学研究领域转向心理学，首先要感谢刘建新教授，是他最早发现了我的潜力，鼓励和引领我进入心理学这一对我而言崭新的领域继续学习。而作为半路出家的我，要完成一篇心理学专业的学位论文，我的博导吴和鸣教授则付出了大量的心血和汗水。从拟定题目、

中国 狐 文化的心理分析

撰写论文大纲、设计章节结构，到搜集整理数据、对文献进行编码梳理，再到落笔撰写、修改提炼，直至最终成文，每一个环节都离不开他的指导。持续半年多，每周一次视频交流，随时会有短信或电话咨询。在写博士论文最关键的那段时间，每当我疲倦懈怠的时候，想到吴老师每天忙完工作还要熬夜加班为我修改论文，帮我查找参考文献，我就会重新调整状态，继续坚持下去。在心理学领域，我就像一个蹒跚学步的孩子，在两位老师的扶持和勉励中，渐渐成长。

博士后期间申荷永教授的悉心教导和众多同门的支持让我在学术研究方面有了更多的收获和思考，在生活上也多了很多趣味。我的硕士导师暨南大学的程国赋教授，在我改读心理学专业之后，继续在学术上给我鼓励和支持。山东大学的王平教授，新加坡的辜美高先生，在我早期收集关于《聊斋志异》的资料时给予了很多指点和帮助。王平教授还赠送了他的专著《聊斋创作心理研究》。向以上几位师长致敬并致谢。还要感谢我博士期间的同学、老师们的陪伴、交流、勉励和爱护。感谢我的家人一直以来的默默守护和付出。

另外，本书能够顺利出版，还要感谢我目前的工作单位肇庆学院的资助，感谢教育科学学院张旭东院长等领导的支持，也感谢武汉大学出版社的领导和编辑们的辛勤工作。

最后，本书引用了大量的研究成果，不能在注释中一一列出，在此一并致谢。

2019 年 8 月 20 日
于广州白云山脚下星汇云城